JN235217

宇宙のはかりかた

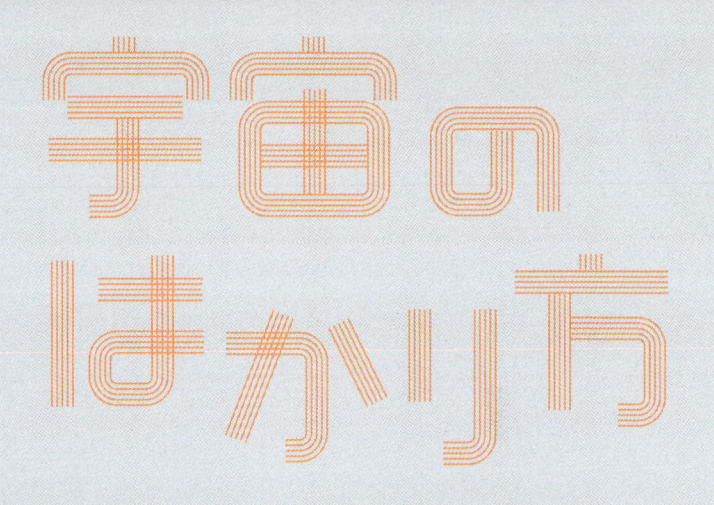

How to measure the universe

国立天文台准教授・普及室長
縣 秀彦［監修］

イメージを広げてみよう！

　この世の中にはサイズにおいても時間においても、じつにさまざまな「スケール」が存在している。東京スカイツリーもガンダムも、アリもウイルスも、そして銀河や宇宙でさえ、それぞれのサイズにはそうでなければならない理由があるのだ。スケールって、考えれば考えるほど奥が深いぞ。

　早いもので、もう 30 年近く前のことだ。EAMES FILMS の『パワーズ・オブ・テン』という短編映像に出会ったのは（現在は『EAMES FILMS：チャールズ＆レイ・イームズの映像世界』［発売：パイオニア LDC］に収録されている）。この作品では、カメラのフレームがまずは公園に寝そべっている若い男性からスタートし、じょじょに上空へカメラフレームが広がり、公園全体、北米大陸、地球、太陽系、天の川銀河、宇宙全体へとフレームが十のべき乗で拡大していく。さらに、こんどは急速に公園の男に戻るやいなや、皮膚から細胞の中、果ては分子から原子まで、カメラフレームが十のべき乗で縮小していくではないか。当時この映像を見て、世の中の見方が変わったという若者も多かったことだろう。

　宇宙、すなわち森羅万象を理解したい。それは天文学者にかぎらず、古今東西さまざまな人々の野望である。国立天文台でも 2001 年に 4 次元デジタル宇宙（4D2U）プロジェクトがはじまり、あらゆる人々にシームレス

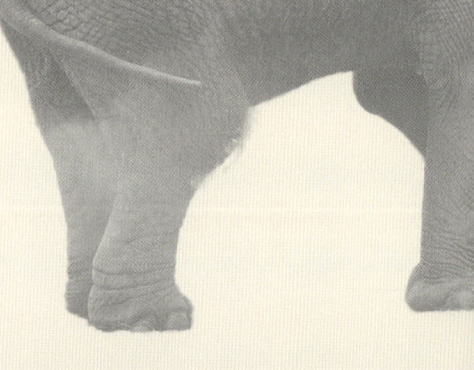

に地球をスタートして宇宙の果てまで楽しんでもらおうと宇宙の可視化、3D化が始まった（4Dとは縦・横・高さの3D空間に時間軸を加えた4次元のこと）。このプロジェクトで開発された「Mitaka」という4次元デジタルビュアーソフトは、おかげさまですでに70万回もダウンロードされている。Mitakaではパワーズ・オブ・テンと違って、パソコンを操作する人の意思でスケールを自由に操り、自由自在に宇宙の旅が可能だ。

しかし、それだけでは物足りないぞ！　という人におすすめなのが、本書『宇宙のはかり方』。デカすぎる宇宙をどう理解するか？　この本ではあの手この手の53の方法で太陽系、惑星、恒星、銀河、そして宇宙のサイズを「スケールダウン」してひも解いている。「え！　そんなに大きいの？」、「え！　たったそれぽっち？」などなど、ビックリすること間違いなし。本書を読んで自分の「常識」をリセットしよう。

いま、世の中を見渡すと短小短絡な考え方、生き方にあふれかえっている。その結果が、地球環境破壊や各国の経済破綻、政治不信そして原発事故の原因ではないだろうか？　大きなフレームでモノを見て、大きなスケールで考え判断する。現代を生きる我々の課題を乗り越えるための一助に本書がなればと願っている。

2011年7月
モンゴル・広大なゴビ砂漠の星の下にて
縣　秀彦

Contents

イメージを広げてみよう！ ● 2

Chapter 01
大きさ・面積

惑星をボールサイズに縮めると ● 8
惑星の表面積をくらべてみると ● 10
太陽は本当に大きい？ ● 12
太陽系の衛星大きさくらべ ● 14
地球は準惑星何個分？ ● 16
彗星を東京に置いたら ● 18
「イトカワ」は大きい？ 小さい？ ● 20
宇宙にいる探査機・人工衛星の大きさってどれくらい？ ● 22
ここから宇宙が生まれる!? 世界の「加速器」 ● 24
宇宙の「台風」をくらべてみると ● 26
系外惑星と地球をくらべてみると ● 28
銀河はいったいどれほど大きいのか ● 30

Chapter 02
距離・速さ

太陽系の「距離感」を身近な距離でたとえると ● 34
月までは遠い？ 近い？ ● 36
もしも太陽と惑星を人で取り囲んだら ● 38
隣の星までの距離はどれくらい？ ● 40
一番遠い天体まではどれほど遠い？ ● 42
太陽系のなかで最も駿足な惑星って？ ● 44
宇宙の高速王！ 光の実力とは ● 46
宇宙の「波」をくらべてみると ● 48

あの惑星で風にのったら1日でどこまで行ける？ ● 50
もしも「ホットジュピター」が太陽系にあったら ● 52
史上最遠の地点を旅する探査機の居場所とは ● 54
宇宙へは何キロ出せば飛び出せる？ ● 56

Chapter 03
密度・質量・重力

地球の重さを小学生ひとり分とすると…… ● 60
重力で重さはどう変わる？ ● 62
もしも土星を海に浮かべたら ● 64
木星の重さはほかの惑星何個分？ ● 66
角砂糖1個分の中性子星があるだけで ● 68
ブラックホールの質量は？ ● 70
地球に落ちる宇宙のちりを集めてみると…… ● 72
「スーパーアース」は第二の地球？ ● 74
もしも人類がほかの惑星に移住をしたら…… ● 76

Chapter 04
高さ・深さ

太陽系一の高地はどこ？ ● 80
太陽系一の「深い」場所はどこ？ ● 82
太陽の「炎」はどこまで上がる？ ● 84
宇宙旅行での「高さ」とは？ ● 86
「宇宙エレベーター」でどこまで行ける？ ● 88

Contents

Chapter 05
温度・エネルギー

宇宙空間は暑い？ 寒い？ ● 92
太陽が1秒間に生み出す
エネルギーはどれくらい？ ● 94
星の輝きは地上でどう見える？ ● 96
星の本当の明るさとは ● 98
惑星の温度はどれくらい？ ● 100
隕石のエネルギーが地球に残した傷跡は？ ● 102
太陽系天体の「磁力」くらべ ● 104
太陽の核融合反応の原動力は…… ● 106

Chapter 06
時間

あの星の光は、いつのもの？ ● 110
地球の「1年」と惑星の1年 ● 112
人は一生かかってどこまで行ける？ ● 114
1周にかかる時間はどれくらい？ ● 116
宇宙誕生の「所要時間」 ● 118
太陽の一生を人間でたとえると ● 120
宇宙の歴史を1年にたとえると ● 122

INDEX ● 125

Column
意外と知らない単位の話

① 世界共通の7つの単位 ● 32
② メートルの起源 ● 58
③ 宇宙をはかる長さの単位 ● 78
④ 音や電磁波をはかる単位 ● 90
⑤ ケルビン＝摂氏＋273.15 ● 108
⑥ 世界共通の時間の単位 ● 124

※本書のデータは基本的に2011年7月現在のものです

Chapter 01
大きさ・面積
size & area

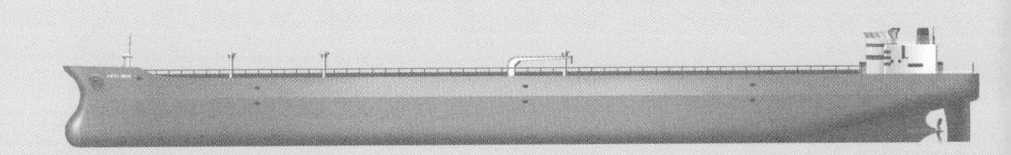

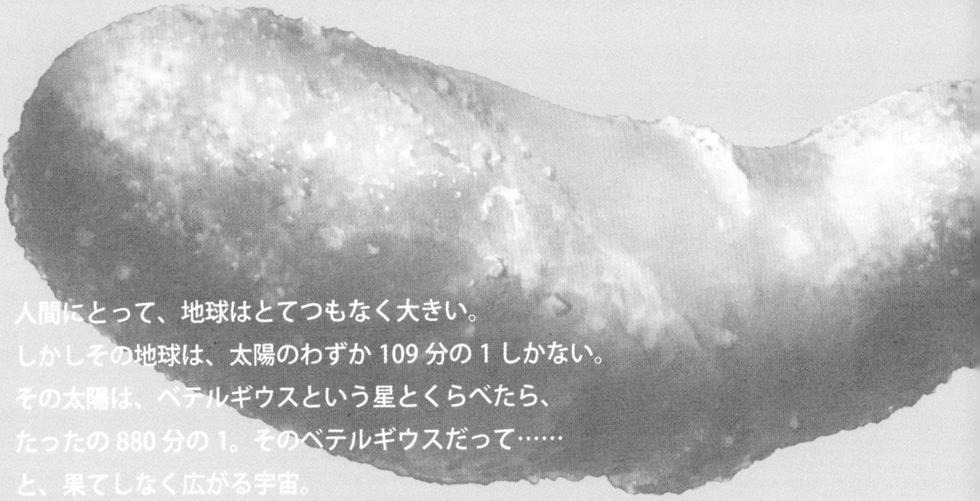

人間にとって、地球はとてつもなく大きい。
しかしその地球は、太陽のわずか 109 分の 1 しかない。
その太陽は、ベテルギウスという星とくらべたら、
たったの 880 分の 1。そのベテルギウスだって……
と、果てしなく広がる宇宙。
まずは大きさを実感してみよう!

惑星のサイズ

惑星をボールサイズに縮めると

　恒星とはみずから光り、熱を発する天体のこと。惑星とは、恒星のまわりを公転する天体だ。太陽系には「水金地火木土天海」でおなじみの8つの惑星がある。ちなみに冥王星は、2006年に「準惑星」および「冥王星型天体」のひとつとして新たに分類された。

　右ページ上部の図は、惑星と太陽を同一スケールで縮小して描いている。同じ惑星といっても、ぜんぜん違う大きさであることがよくわかるだろう。一番小さな惑星が水星で、その赤道直径は4880km。一番大きい惑星が木星で、赤道直径は14万2984km。われらが地球の赤道直径は1万2756kmだ。「へ〜、地球も小さいんだ」と思ったかもしれないが、実際、その小ささを実感できる人は少ないに違いない。ということで、それぞれの惑星を私たちに身近なボールで置き換えてみた。縮尺はほぼ2億分の1となる。このうちいくつかでも手元にあったら、さっそくボールを手に取って惑星の大きさをイメージしてみよう。

水星（直径 4880km）
2.4cm
≒スーパーボールサイズ

太陽系の最小惑星・水星を2億分の1にすると、2.44cm。これはスーパーボールくらい。

金星（直径1万2104km）
6cm
≒ビリヤードボールサイズ

地球よりわずかに小さな金星は、2億分の1に縮めるとビリヤードのボールくらいになる。

地球（直径1万2756km）
6.4cm
≒テニスボールサイズ

地球を2億分の1に縮めると、6.4cmほど。ほぼテニスボールサイズになる。その場合、地球の4分の1程度の月はビー玉サイズ。

月（直径3476km）
1.7cm
≒ビー玉サイズ

火星（直径6792km）
3.4cm
≒卓球のボールサイズ

太陽系惑星のなかで水星についで小さな火星は、2億分の1になるとほぼ3.4cmで卓球のボール程度。

太陽系の8つの惑星

水星　金星　地球　火星　木星　土星　天王星　海王星

太陽（直径139万2000km）
7m
≒小型バスサイズ

地球の109倍、木星の10倍近い太陽の直径は2億分の1するとマイクロバスの長さくらいになる。

木星（直径14万2984km）
71.5cm

土星（直径12万536km）
60cm

≒バランスボールサイズ

太陽系の2大巨漢惑星、木星と土星は、2億分の1でようやく人が抱えられるくらいのサイズになる。

天王星（直径5万1118km）
25.6cm
海王星（直径4万9528km）
24.8cm
≒バスケットボールサイズ

太陽から遠く離れたふたつの氷の惑星は、2億分の1に縮めると天王星が25.6cm、海王星が24.8cmになる。

冥王星（直径2390km）
← **1.2cm**
≒パチンコ玉サイズ

地球の衛星である月よりも小さな冥王星は、2億分の1にするとビー玉よりもさらに小さなパチンコ玉くらい。

> 惑星の表面積

惑星の表面積を
くらべてみると

　球の面積の公式をご存じだろうか。そう、4×円周率（π）×半径の2乗だ。じゃあ各惑星の赤道半径はわかっているので、この公式に数値を入れれば、表面積なんて正確に求められる……と思うのは間違い。じつは各惑星は完全な球ではない。自転の影響でいささか赤道方向にふくらんでいるのだ。

　たとえば地球の赤道半径は6378kmだが、極半径は6356kmで20kmくらい差がある。さらに自転速度が速いと、縦と横の差も大きくなる。だから単純には求められないのだが、その差は天体レベルでいうとささやかなので、公式から求めればおおよその数字を知ることができる。さらに惑星ごとの差をわかりやすくしてみようと、地球の面積約5億1000万km²を日本列島に見立ててくらべてみた。

地球（5億1000万km²）の表面積を

日本列島くらいとすると

日本列島の総面積は約37万8000km²。地球の面積約5億1000万km²を1350分の1にすると、ほぼ日本列島の面積になる。

木星（642億km²）

≒北米大陸＋南極大陸
オーストラリア大陸

木星の表面積を1350万分の1にすると、北米大陸（約2449万km²）とオーストラリア大陸（約900万9000km²）、南極大陸（約1372万km²）をあわせたくらい。

同縮尺の日本列島

土星（456億km²）

≒北米大陸＋
オーストラリア大陸

木星の70％程度の大きさの土星の表面積は、1350万分の1にすると北米大陸（約2449万km²）とオーストラリア大陸（約900万9000km²）をあわせたくらい。

同縮尺の日本列島

水星（7500万 km²）

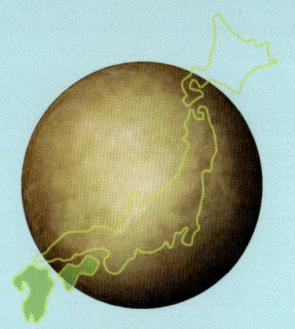

≒ 四国＋九州

水星の表面積は地球の約7分の1。これを1350万分の1にすると、九州（約3万7000km²）と四国（約1万8000km²）をあわせたくらい。

金星（4億6000万 km²）

≒ 北海道＋本州＋九州

地球より少し小さい金星の表面積を1350万分の1にすると、ほぼ日本列島（約37万8000km²）から四国の面積（約1万8000km²）を引いたくらい。

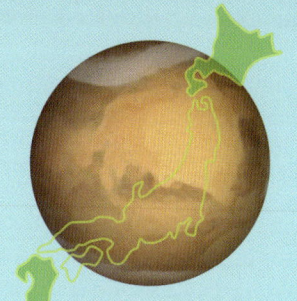

火星（1億4500万 km²）

≒ 北海道＋九州

水星の2倍弱の表面積をもつ火星は、1350万分の1に縮めると、だいたい北海道（約7万8000km²）と九州（約3万7000km²）をあわせたくらい。

天王星（82億 km²）

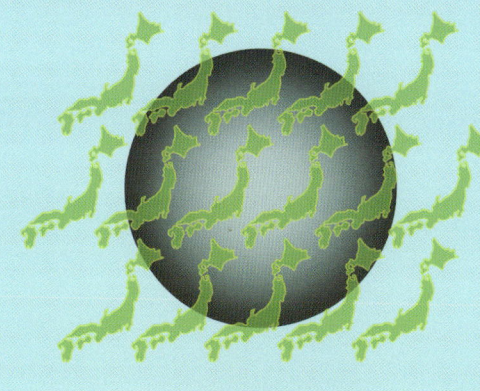

≒ 日本列島 × 16 個

天王星の表面積を1350万分の1にすると、日本列島（約37万8000km²）16個分。つまり天王星の表面積は地球16個分ということになる。

海王星（77億 km²）

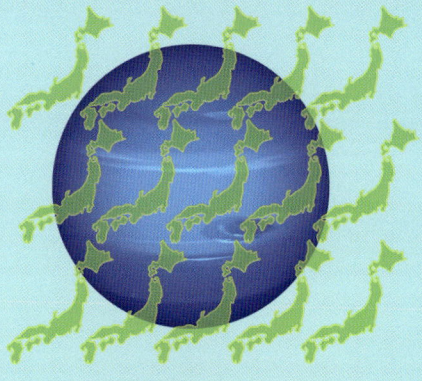

≒ 日本列島 × 15 個

天王星より少し小さな海王星。その差を1350万分の1で考えると、ちょうど日本列島ひとつ分程度。海王星の表面積は地球15個分くらいということ。

> 恒星のサイズ

太陽は本当に大きい？

おりひめ星
（直径約 362 万 km）

こと座のα星（α星とは星座のなかで一番明るい星のこと）。ベガともいう。直径は太陽の 2.6 倍で主系列星。映画『コンタクト』でジョディ・フォスターはここを訪れる。

ベテルギウス

ミラ

太陽の直径
（約 139 万 2000km）
を日本人の
3 歳児の身長
（約 90cm）
くらいとすると

レグルス
（直径約 515 万 km）

しし座のα星。直径は太陽の 3.7 倍で主系列星。名前の意味は「小さい王」で、あのコペルニクスがつけたという。

3 歳児 1 人
＋
大人 1 人
（約 2.5m）
くらい

大人 2 人
（約 3.5m）
くらい

太陽の直径は、139万2000km。これはなんと地球の直径の約109個分にあたる。しかし、太陽は恒星、地球や木星などは惑星。では太陽はほかの恒星とくらべて大きいのか、小さいのか。

　恒星は、その中心部で核融合反応を起こして光を放っている。そして核融合を起こす材料がなくなれば死を迎える。一般的な恒星の寿命は数千万年～100億年程度といわれており、その壮年期にあたる星は中心部で水素が核融合をしていて、「主系列星」と呼ばれる。ここで示しているものでいえば、太陽やおりひめ星（ベガ）、レグルスなどだ。太陽よりも小さい主系列星も数多くある。

　恒星が死に近づくと、赤く巨大化し「赤色巨星」となる。質量が大きいとさらに巨大化し「赤色超巨星」となる星もある。そんなさまざまな種類がある恒星たちなのだが、主系列星である太陽を赤色巨星などとくらべるのもフェアではない。主系列星どうしでくらべると……、太陽は「ふつう」サイズ。

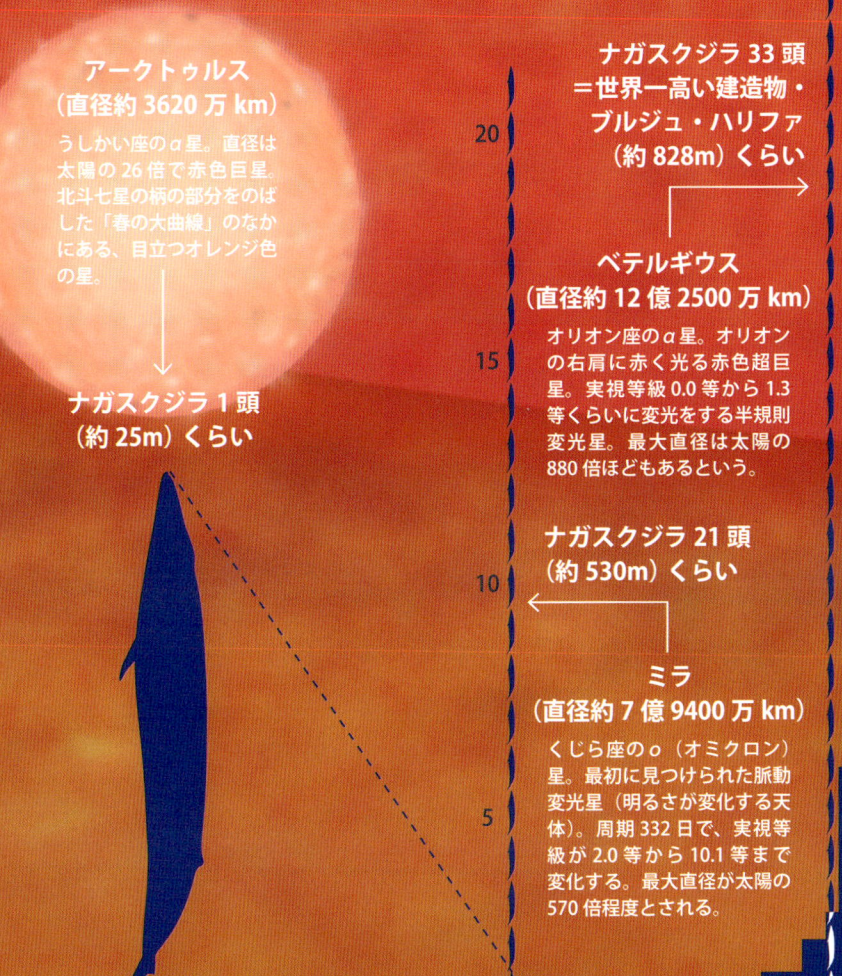

アークトゥルス
（直径約3620万km）

うしかい座のα星。直径は太陽の26倍で赤色巨星。北斗七星の柄の部分をのばした「春の大曲線」のなかにある、目立つオレンジ色の星。

ナガスクジラ1頭
（約25m）くらい

ナガスクジラ33頭
＝世界一高い建造物・
ブルジュ・ハリファ
（約828m）くらい

ベテルギウス
（直径約12億2500万km）

オリオン座のα星。オリオンの右肩に赤く光る赤色超巨星。実視等級0.0等から1.3等くらいに変光をする半規則変光星。最大直径は太陽の880倍ほどもあるという。

ナガスクジラ21頭
（約530m）くらい

ミラ
（直径約7億9400万km）

くじら座のο（オミクロン）星。最初に見つけられた脈動変光星（明るさが変化する天体）。周期332日で、実視等級が2.0等から10.1等まで変化する。最大直径が太陽の570倍程度とされる。

衛星のサイズ

太陽系の衛星大きさくらべ

　太陽系には太陽という恒星、「水金地火木土天海」の惑星以外にも小さいけれどたくさんの天体がある。そのひとつが、私たちに最も身近な天体・月に代表される衛星だ。
　SFなどではよく衛星が複数描かれることがあるが、地球の衛星は月しかない。ほかの惑星はどうだろう。2011年時点で発見されているものでいえば、水星が0個、金星も0個、火星は2個、木星が65個、土星が65個、天王星が27個、海王星が13個という具合だ。近年発見が相次いでいるので、どんどん増えていくことは間違いない。
　衛星のなかで一番大きいのが木星の衛星ガニメデ。2位が土星の衛星タイタン（直径約5200km）だが、これらふたつは惑星である水星（直径約4900km）より大きい。そのなかでわれらが月は、3位カリスト（直径約4820m）、4位イオ（直径約3643m）〔ともに木星の衛星〕に次いで5番目につける大きさで大健闘。しかし上位4つの衛星たちの母天体は土星と木星なので、母天体とくらべると20分の1にも満たない。ところが月は、母天体である地球と比較するとだいたい3分の1から4分の1ほどもある。母天体との比率でいえば、類をみない大きさなのだ。

カーリングリンクのサイズ

12in（約30cm）
4ft（約1.2m）
8ft（約2.4m）
12ft（約3.6m）

ストーンは直径約30cm、重さ約20kg

ティタニア
（直径約1580km）
≒約1.1m

天王星の最大衛星。公転周期は約8.7日。天王星の衛星には、シェークスピアかアレキサンダー・ポープ（イギリスの詩人）の作品中の人物名がつけられる。

トリトン
（直径約2700km）
≒約1.8m

海王星の最大衛星。公転周期は約5.9日。将来は海王星に落ちてしまうと予測されている。

エンケラドス
（直径約 500km）
≒カーリングリンクの
ハウスの内側（約 30cm）

土星の衛星。公転周期は約1.4日。水蒸気を含む薄い大気があるとされ、注目されている。

ダイモス
（直径約 16km）
≒ボタン（約 1cm）

火星の衛星。公転周期は約1.3日。確認されている衛星のなかでは最小。

ガニメデ
（直径約 5300km）
≒カーリングリンクの
ハウスの青円（約 3.6m）

木星の衛星。公転周期は約7.2日。太陽系最大の衛星。

エウロパ
（直径約 3130km）
≒約 2.1m

木星の衛星。公転周期は約3.6日。氷の表面の下に液体の水があり、地球外生命体がいる可能性がある筆頭の天体。

月
（直径約 3500km）
≒カーリングリンクの
ハウスの白円（約 2.4m）

地球唯一の衛星。公転周期は27.3日（恒星月）。地球で見る月の満ち欠けの周期は29.5日（朔望月）。

準惑星のサイズ

地球は準惑星何個分？

　太陽系には、恒星、惑星、衛星以外にも「準惑星」という分類がある。私たちにおなじみ（だった）冥王星。2006年8月まで惑星として分類されていたこの天体がいまは準惑星。以前はまとめて「小惑星」と呼ばれていたが、惑星の小さい版だった天体たちのうち、丸い形のものを準惑星としたのだ。

　「小惑星」第1号として1801年に発見されたのがケレス。火星と木星の間にある小惑星帯の代表的天体だ。やがて観測技術が進歩するにつれて、冥王星の公転軌道付近に次々と新しい天体が発見された。同時に、冥王星の観測も進み、「思っていたよりちっちゃいぞ」ということがわかってきた。月より小さいけど、それなら水星も同じだからまだいい。が、新しい「小惑星」エリスが発見されて事態は急変。それは冥王星よりわずかに大きい。では惑星を増やそう、という話で進んでいたのだが、いろいろあって、逆に冥王星を新ジャンル「準惑星」に含めるという決定になった。同時に海王星の公転軌道の外側にある準惑星を「冥王星型天体」とすることに決まった。

ハウメア（直径2000km）
6.4個 ≒ 地球
2003年に発見された冥王星型天体。長径2000kmのゆがんだ形をしている。

マケマケ（直径1600km）
8個 ≒ 地球
2005年に発見された冥王星型天体。名前はイースター島の神話に由来する。

エリス（直径2400km）
5.3個 ≒ 地球
冥王星型天体。2003年に発見されたこの天体が、冥王星が惑星でなくなるきっかけのひとつとなる。

ケレス（直径952km）
13.4個 ≒ 地球
火星と木星の間を公転する準惑星。1801年イタリアのパレルモ天文台で発見された小惑星第1号。

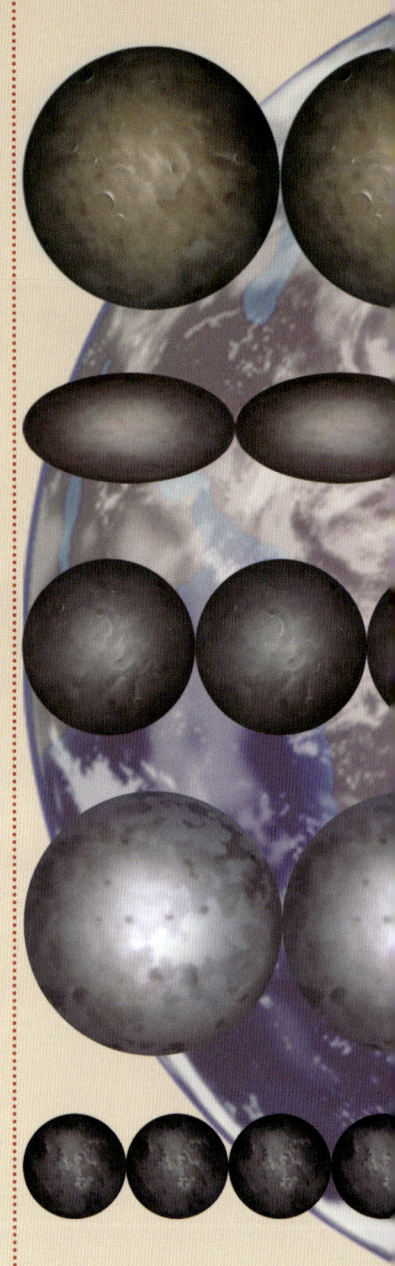

冥王星（直径2390km）
5.3個≒地球

1930年発見。2006年8月以降、準惑星に分類された。太陽から約59億km離れた謎の多い天体。

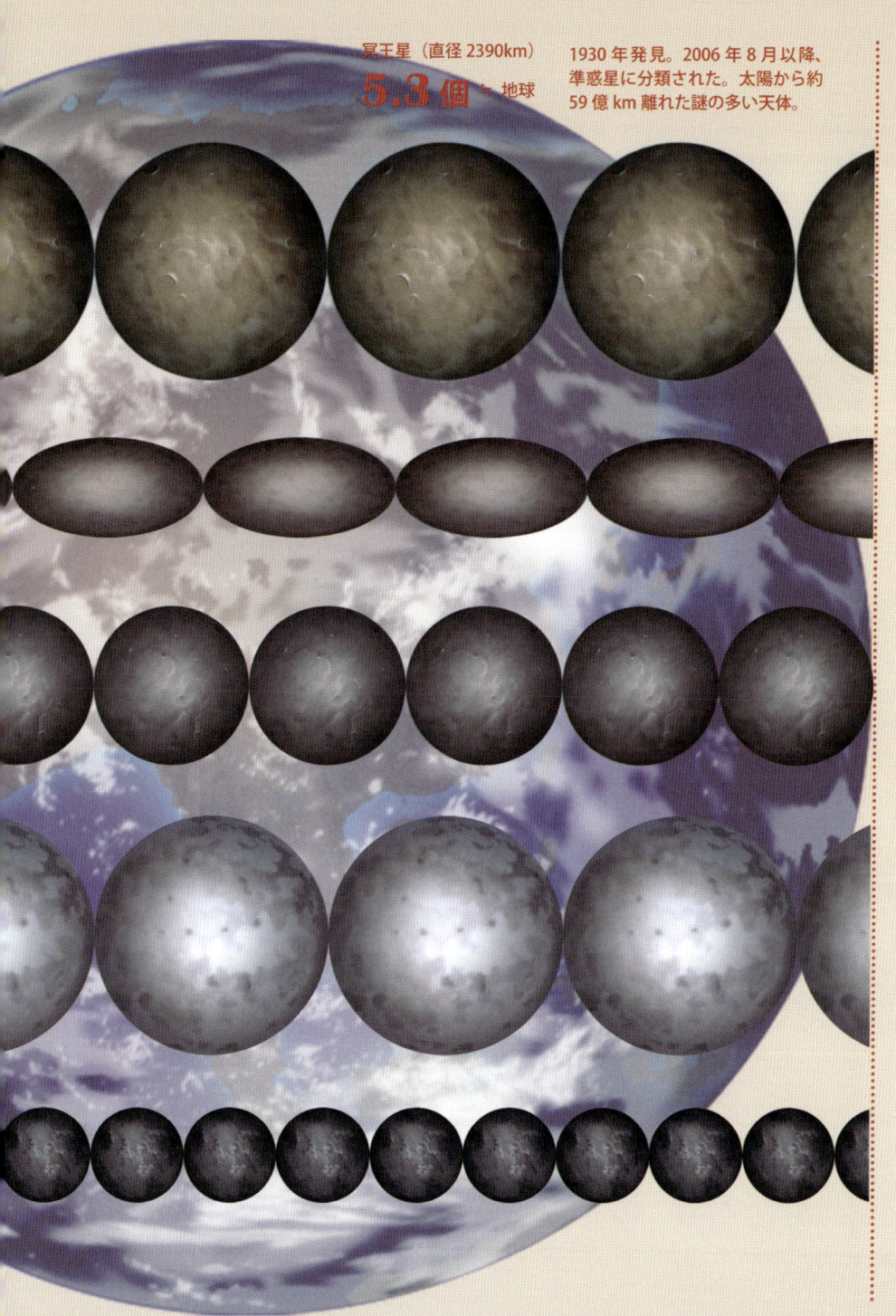

彗星のサイズ

彗星を東京に置いたら

　彗星も太陽系天体のれっきとした一員。一番有名なのはハレー彗星だろうが、そのほかにも多くの彗星がある。2011年時点では、1359個もの彗星の軌道が確認され、そのうちの414個が周期200年以内の短周期彗星だ。

　彗星といえば長い尾をイメージするが、尾はふたつの部分からなる。ひとつがガスの尾、もうひとつがちりの尾だ。どちらも太陽に近づくと太陽から放出されるプラズマ（電気を帯びた粒子）と光の圧力のために伸びて光る。その尾の出どころが「核」。「汚れた雪玉」ともいわれるように、氷とちりが固まってできたものだ。有名な彗星の核の大きさをわかりやすくするために、このページでは東京に置いてみた。

　上に書いたように、彗星は何年かおきに帰ってくるものがあるが、どこからきてどこへ行くのかわからない非周期性のものもある。また軌道もまちまちで、じつに謎の多い天体なのだ。

↑東京ドーム

↑東京タワー

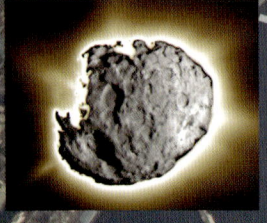

ヴィルド第2彗星
（5.5×4×3.3km）

周期6.41年の短周期彗星。2004年にアメリカの探査機スターダストが接近し、彗星周囲のちりを採取した。

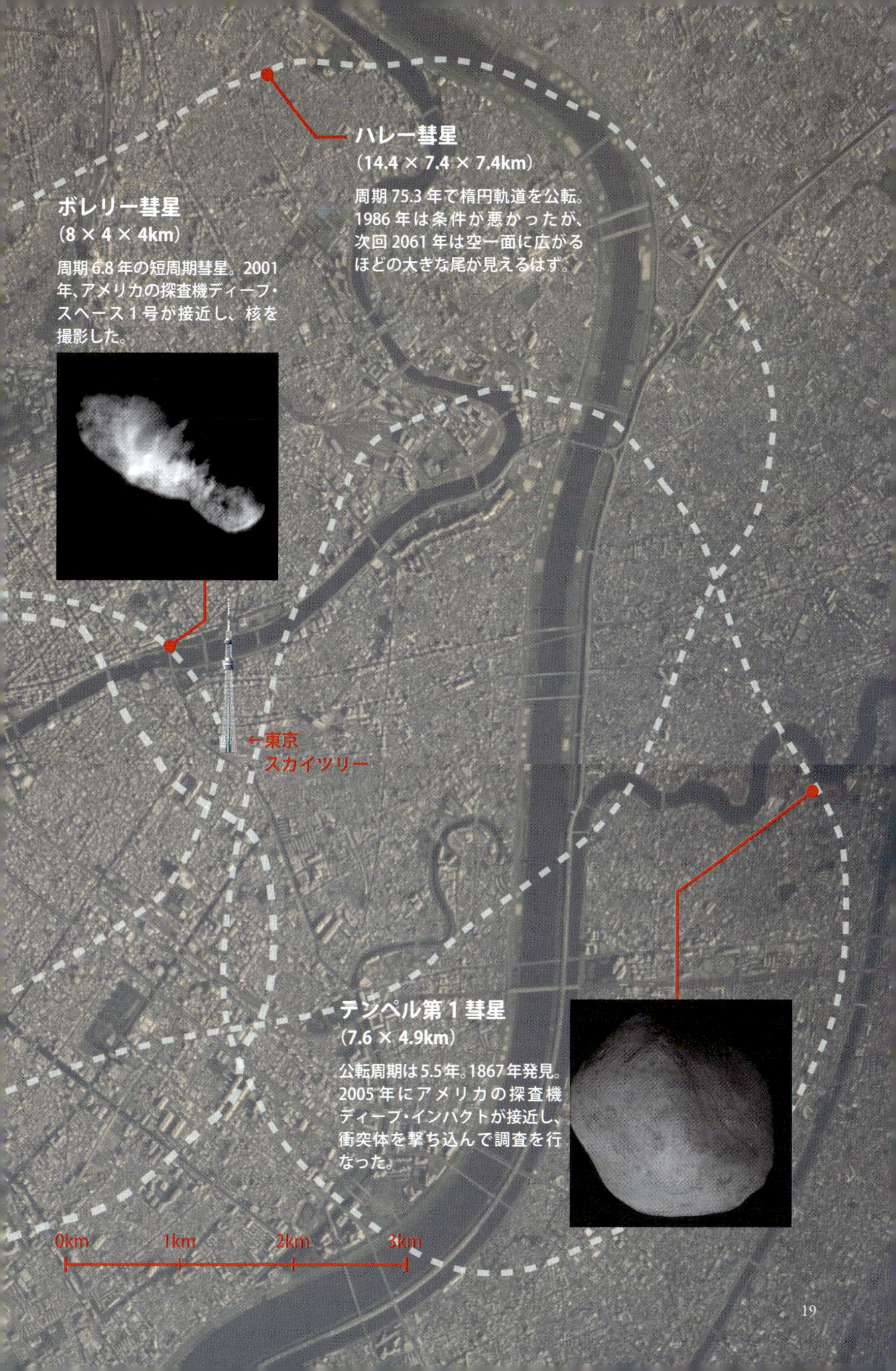

ハレー彗星
（14.4 × 7.4 × 7.4km）

周期75.3年で楕円軌道を公転。1986年は条件が悪かったが、次回2061年は空一面に広がるほどの大きな尾が見えるはず。

ボレリー彗星
（8 × 4 × 4km）

周期6.8年の短周期彗星。2001年、アメリカの探査機ディープ・スペース1号が接近し、核を撮影した。

←東京スカイツリー

テンペル第1彗星
（7.6 × 4.9km）

公転周期は5.5年。1867年発見。2005年にアメリカの探査機ディープ・インパクトが接近し、衝突体を撃ち込んで調査を行なった。

0km　1km　2km　3km

> 小惑星のサイズ

「イトカワ」は
大きい？ 小さい？

　2010年の一大ニュースとなった、小惑星探査機「はやぶさ」の地球帰還。そのはやぶさの目的地とは、地球から3億kmの彼方にある小惑星「イトカワ」だった。ラッコのような形が特徴的なイトカワの大きさは、"惑星"といっても、長いところでわずか535m。地球上の乗り物でも大きなものならそこそこ互角にはりあえてしまう。地上最大の動物、シロナガスクジラで換算してもおよそ18頭分だ。

　そんな宇宙の小島のような、しかも秒速約25kmという猛スピードで動いている天体に着地し、かけらを持ち帰る——そんな困難なミッションを、はやぶさは見事にやり遂げたわけだ。

　ちなみにノック・ネヴィスとはノルウェー船籍の石油タンカーで1979〜80年に住友重工追浜造船所で建造されたもの。またヒンデンブルク号は、史上最大の大きさを誇ったドイツの硬式飛行船。1937年にアメリカ・ニュージャージー州の海軍飛行場で着陸寸前に爆発・炎上するというまれにみる大事故を起こしたことでも知られる。イギリスのロック・バンド「レッド・ツェッペリン」が1969年に発売したファースト・アルバム『レッド・ツェッペリン』のジャケットに使用された燃え上がる飛行船の写真は、その事故のときのものだ。

500m
18　　15

458.45m
≒シロナガスクジラ約15頭
史上最大の船、ノック・ネヴィス。全長458.45m、全幅68.9m、総重量56万7463t。

> **小惑星「イトカワ」とは？**
>
> 小惑星とは、惑星になりきれなかった岩石のかたまりや、粉砕した大きな惑星のかけらなどのこと。そのなかで地球から約3億kmの彼方で発見されたイトカワは、地球に近づく軌道をもつ「地球近傍小惑星」のひとつだ。太陽系内の小惑星は太陽系の惑星が誕生したのと同時期に生まれた、いわば「惑星のかけら」。そこには惑星の材料になった物質がそのまま保存されているかも……。そんな可能性を確認すべく、人類初となる小惑星からのサンプル・リターンに挑戦したのが「はやぶさ」だった。

30m
地上最大の動物、シロナガスクジラ。全長約 30m、体重約 150t。

108.5m
≒ シロナガスクジラ 3.6 頭

国際宇宙ステーション。全長約 108.5m、幅約 72.8m（完成時）。

245m
≒ シロナガスクジラ約 8 頭

史上最大の飛行船、ヒンデンブルク号。全長 245m、最大直径 42m、重量 243t。

535m
≒ シロナガスクジラ 18 頭

小惑星イトカワ。ラッコのようないびつな形が特徴。サイズは 535 × 294 × 209m。質量は約 3500 万 t。

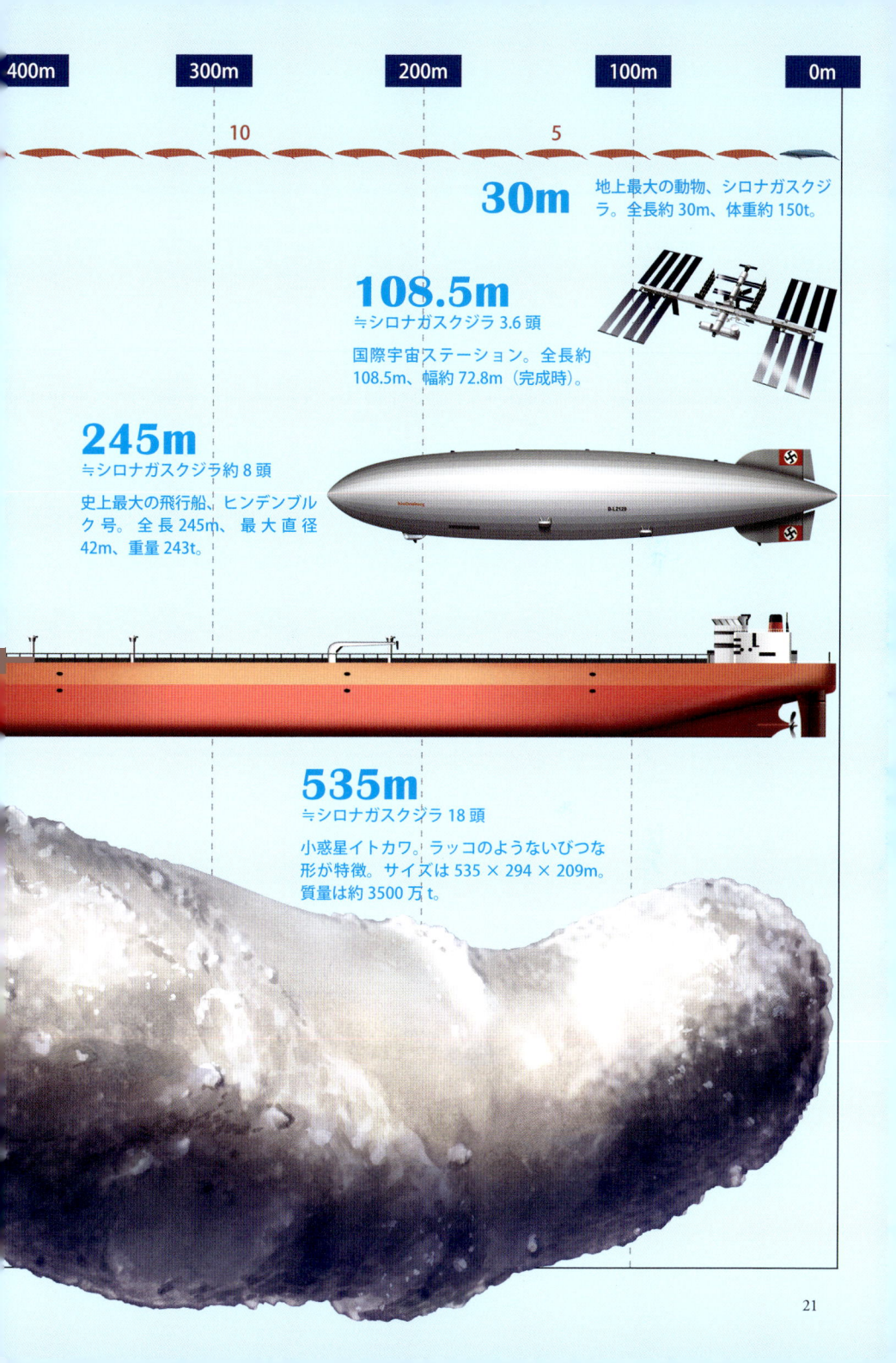

> 探査機のサイズ

宇宙にいる探査機・人工衛星の大きさってどれくらい？

よく目にする言葉だが、人工衛星と探査機の違いをご存じだろうか？

衛星とは惑星のまわりを回る天体のこと。「人工」の「衛星」も惑星を周回するものをさす。たとえば天気予報でおなじみの静止気象衛星「ひまわり」や、GPS衛星、ハッブル宇宙望遠鏡などもこれにあたる。なかでも最大のものが、国際宇宙ステーション（ISS）で、上空約400kmのところにあり、90分で地球を1周している。

いっぽう探査機は、文字どおり「探査」するマシンだ。はやぶさはイトカワを探査しに行ったし、あかつきは金星をめざし、ボイジャーは木星、土星など太陽系の遠くの惑星たちを探査した。では、イカロスは？　正式名称を「小型ソーラー電力セイル実証機」といい、試験機なのでどちらにもあたらない。

こうした宇宙で活躍中の探査機、実物を地上で見られる機会はほとんどないので、そのスケール感がよくわからない。そこでISSの大きさの目安によく使われるサッカーコートといろいろな探査機のサイズをくらべてみた。

ボイジャー1号
3.7m
→パラボラアンテナ差し渡し

現在地球から最も離れた場所にいるNASAの探査機ボイジャー1号は、30年以上にわたる探査を支えたパラボラ型高利得アンテナの差し渡しがたった3.7m。

ハッブル宇宙望遠鏡
13.1m
→主鏡長さ

1990年にアメリカが打ち上げた宇宙望遠鏡。長さ13.1m、重さ11t、主鏡の直径は2.4m。大気のゆらぎに影響されずクリアな観測画像が得られる。

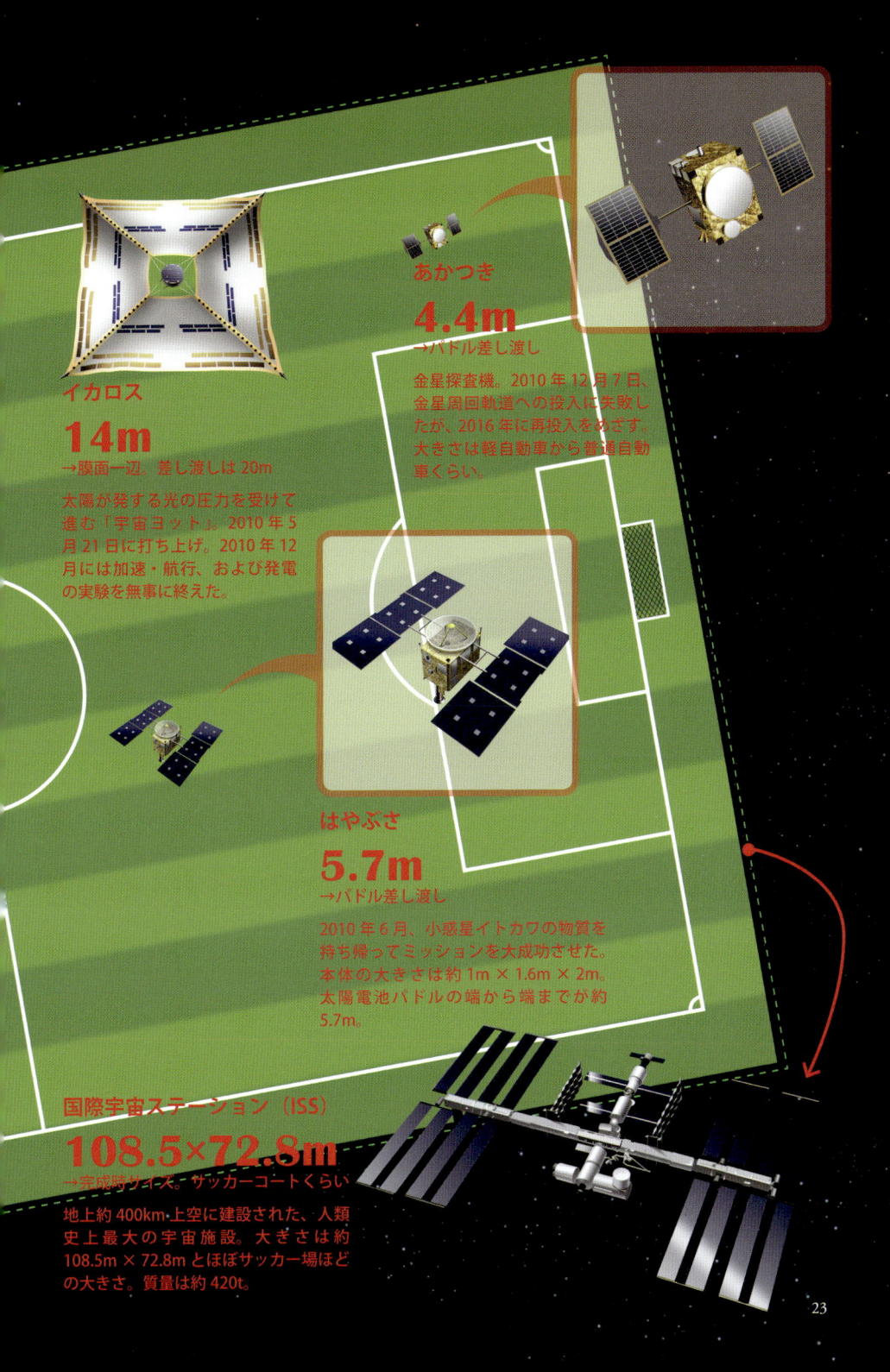

イカロス
14m
→膜面一辺。差し渡しは20m

太陽が発する光の圧力を受けて進む「宇宙ヨット」。2010年5月21日に打ち上げ。2010年12月には加速・航行、および発電の実験を無事に終えた。

あかつき
4.4m
→パドル差し渡し

金星探査機。2010年12月7日、金星周回軌道への投入に失敗したが、2016年に再投入をめざす。大きさは軽自動車から普通自動車くらい。

はやぶさ
5.7m
→パドル差し渡し

2010年6月、小惑星イトカワの物質を持ち帰ってミッションを大成功させた。本体の大きさは約1m × 1.6m × 2m。太陽電池パドルの端から端までが約5.7m。

国際宇宙ステーション（ISS）
108.5×72.8m
→完成時サイズ。サッカーコートくらい

地上約400km上空に建設された、人類史上最大の宇宙施設。大きさは約108.5m × 72.8mとほぼサッカー場ほどの大きさ。質量は約420t。

加速器のサイズ

ここから宇宙が生まれる!?
世界の「加速器」

LHC は

周長 27km

→山の手線よりひと回り小さいくらい

世界最大の素粒子加速器。スイスとフランスの国境をまたいだ地下に建設。右の写真は実験装置アトラスの内部で、長さ45m、高さ25m にもなる。

池袋駅

新宿駅

リニアコライダーは

長さ 3km

→渋谷駅―目黒駅間の距離くらい

アメリカ・スタンフォード線形加速器センターで活躍したものは、約3km の直線形。高い衝突エネルギーが得られる。

渋谷駅

KEK-B は

周長 3km

→皇居におさまるくらい

茨城県つくば市にある電子・陽電子衝突型加速器。地下11m に設置され1周約3km。世界で最も密度の高い電子ビームをつくることができる。

目黒駅

2008年9月ごろ「スイスにブラックホールができる。地球が飲み込まれる！」という流言飛語が出回った。科学者は正確な情報を説明して誤解を解こうとするのだが、難しいものだから、尾ひれに尾ひれをつけて間違った情報はさらに拡大、というよくある展開になった。もちろんブラックホールは生じなかった。

　噂の出火点は2008年9月、世界最大の大型ハドロン衝突型加速器（Large Hadron Collider、略称LHC）が完成したことだ。欧州合同原子核研究機関（CERN）が運用するこの施設では、陽子を光速（秒速約30万km）の99.999……%という極限の速度まで加速させる。その加速した陽子同士をぶつけると、陽子よりもさらに小さな素粒子に分解される。そうして未発見の素粒子を見つけたり、宇宙のはじまりに起こったビッグバンと同様の状態の研究をするというのだ。このLHCはトム・ハンクス主演の映画『天国と地獄』にも登場したので、ご存じの方も多いのではないだろうか。映画では、LHCで"反物質"がつくられたという設定だった。

　加速器は1932年、世界ではじめて開発された。やがて衝突型加速器が1962年、イタリアにあるINFN研究所ではじめて製作されたが、その周長はたったの4mだった。加速器には直線のものと円形のものが存在し、リニアコライダーは直線型だ。

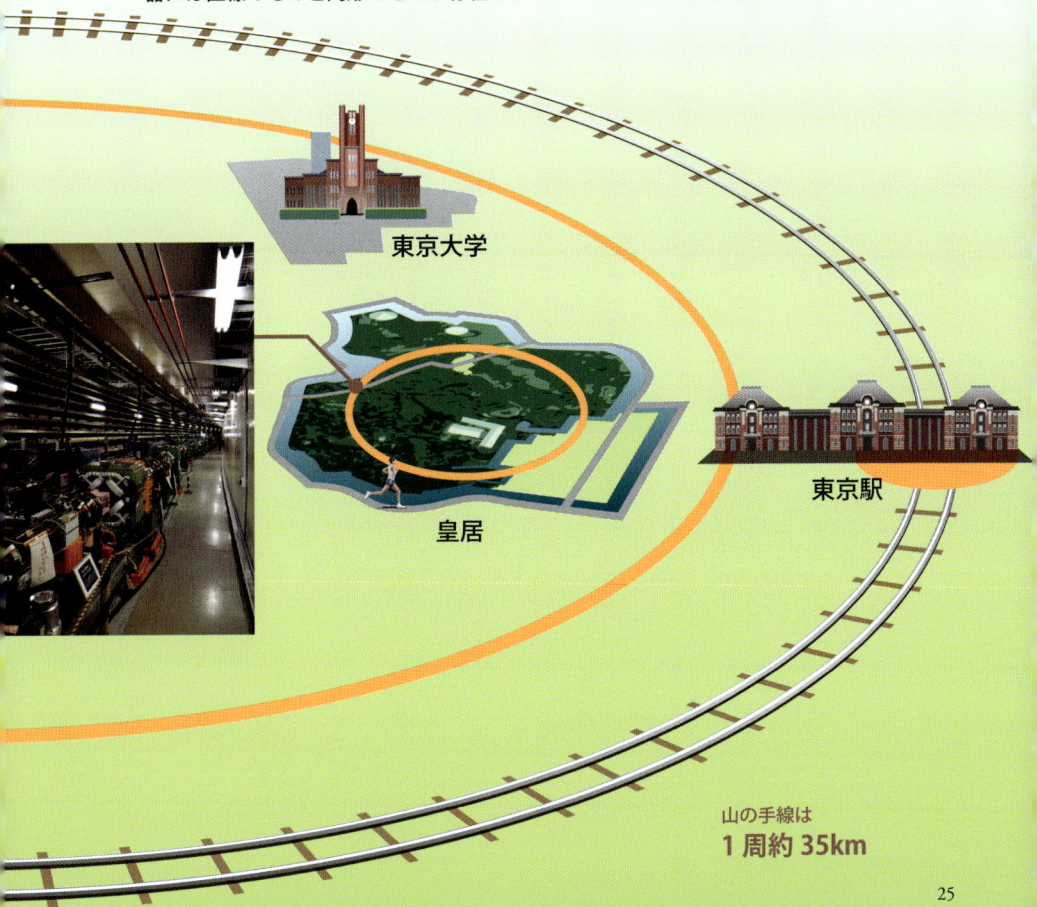

東京大学

皇居

東京駅

山の手線は
1周約35km

「斑」のサイズ

宇宙の「台風」をくらべてみると

　同じ惑星だが、地球と木星、海王星ではそのつくりが大きく異なる。水金地火までの惑星が岩石を主成分とした「岩石惑星」であるのに対し、木土天海はガスを主成分とした「ガス惑星」なのだ。さらに天王星、海王星は表面はガスだが内部は氷がメインなので、「氷惑星」と分類することもある。よく「木星の表面」などというが、その表面にはガスがあるだけで、立って歩ける地面はない。

　さて、直径が地球の11倍も大きな木星では、その「台風」もケタ違いの大きさだ。そもそも木星のストライプは大気の流れが生み出すもので、その速さは緯度によっては時速540kmにも達する。「大赤斑」は17世紀半ばに発見されて以来、350年以上にわたって渦巻き続けている巨大な「台風」だ。小赤斑は多少こぶりとはいえ、地球1個分の大きさ。海王星の大暗斑は1989年にボイジャー2号によって観測された巨大「台風」だが、現在は消えてしまっている。

木星の大赤斑
26,000km
≒地球2個

木星の赤道と南極の間くらいにある。東西約2万6000km、南北約1万4000kmで、地球2〜3個分の大きさ。周期約6日で回転する大気の渦。

**地球の超大型台風は
直径 1600km 以上**

台風は、最大風速が毎秒 17.2m 以上にもなる。直径は数百〜1000km ほどの渦巻で、風は中心に向かって反時計回りに吹いている。気象庁による大きさの分類では、直径 1000km 以上 1600km 未満が「大型」、1600km 以上が「超大型」とされている。

木星の小赤斑
13,000km
≒地球 1 個

大赤斑の半分くらい、地球の直径ほどの大きさ。浮かんだり消えたりする。2005 年に 3 つの小赤斑が合体して大きくなった。

海王星の大暗斑
10,000km〜
≒地球 4 分の 3 個以上

左右の長さが 1 万 km 以上で地球の直径くらい。一度消えて、また現われたりする。低い雲が暗く見えていて、白い部分は高くのぼっている雲だという。

> 系外惑星のサイズ

系外惑星と地球をくらべてみると

ホットジュピターの直径は
229,000km
≒地球18個

木星くらいに大きくて、地球と太陽の距離よりも近い軌道で公転している惑星を「ホットジュピター（熱い木星）」と呼ぶ。ここに描いたのは1999年に発見された「HD209458b」で、質量が木星の0.69倍、直径が1.6倍、密度は1cm³あたり0.21gだ。

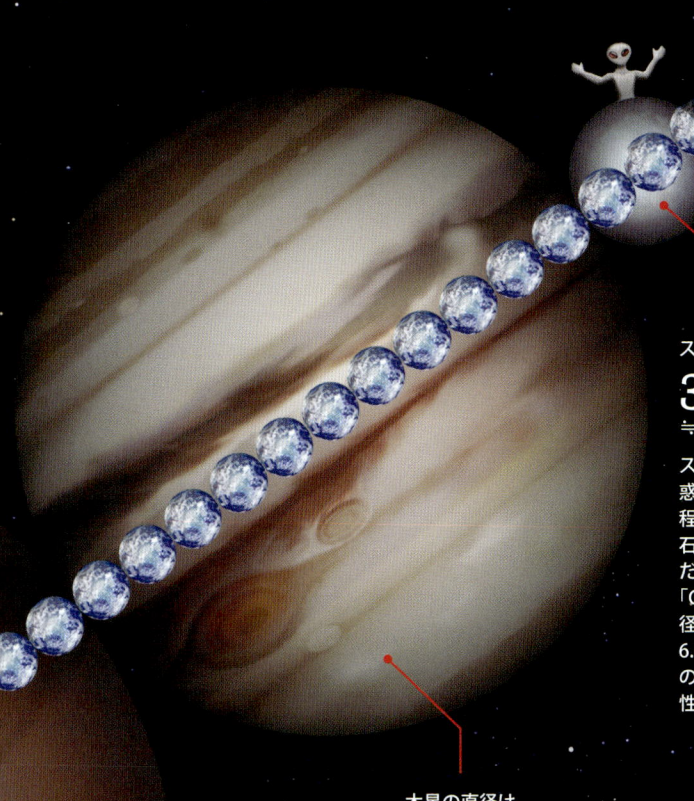

スーパーアースの直径は
34,000km
≒地球 2.7 個

スーパーアースは「巨大地球型惑星」とも呼ばれ、地球の数倍程度の質量をもち、主成分が岩石や金属などの固体成分の天体だ。ここで描いたのは「GJ1214b」という惑星で、直径が地球の約2.7倍、質量が約6.6倍、大気は非常に厚く、5分の1程度が水蒸気からなる可能性があるとされている。

木星の直径は
143,000km
≒地球 11 個

　夜空を見上げて見える星の数は、約3000個。ほとんどすべてがみずから輝く恒星だ。そんなにたくさん恒星があるのなら、それらにも惑星があるはず。そう思って天文学者は夜空を眺めてきたわけだが、実際にはなかなか見つからなかった。単純に光らないから見つけにくかったのだ。

　そして1995年、ペガスス座51番星という恒星のまわりを回る惑星がはじめて見つかった。その後続々と発見され、2011年6月時点では、560個以上も確認されている。ここ数年は毎年100個くらい発見されているので、これからもっともっと増えていくだろう。これらの惑星を、太陽系の外にある惑星ということで「系外惑星」という。

　「系外惑星」が注目に値するのは、もし地球外生命がいるとしたらこれらの惑星にいる可能性が最も高いからだ。またそれらの惑星は、私たちのいる太陽系の惑星の常識では考えられないものもある。それらをくわしく調べることで、私たちのいる惑星のことがさらによくわかってくるのだ。

> 銀河のサイズ

銀河はいったい どれほど大きいのか

　私たちがいる太陽系は天の川銀河（銀河系）のなかにある。その天の川銀河の大きさは直径約10万光年くらい。ご存じ「光年」というのは、光が1年間に進む距離で、とてつもなく広い宇宙では、これが距離を表わす単位となる。

　光の速度は秒速30万km。1秒で地球を7周半するスピードとよくいわれる。これを60（秒）×60（分）×24（時間）×365（日）して出る「光年」の距離は、9兆4600億km。太陽系の大きさはほぼ1光年程度だから、だいたいこの数値ということ。天の川銀河の大きさは、その数字×10万ということで、94京6000兆kmというわけだ。

　「そんなに大きいんだ〜」と実感できる人は天才だ。ほとんどの人は「？」のはず。それをわかりやすくしたのがこのページ。地球と銀河の大きさは、ウイルスと地球くらいの差がある。つまり74兆倍くらい違うということだ……。

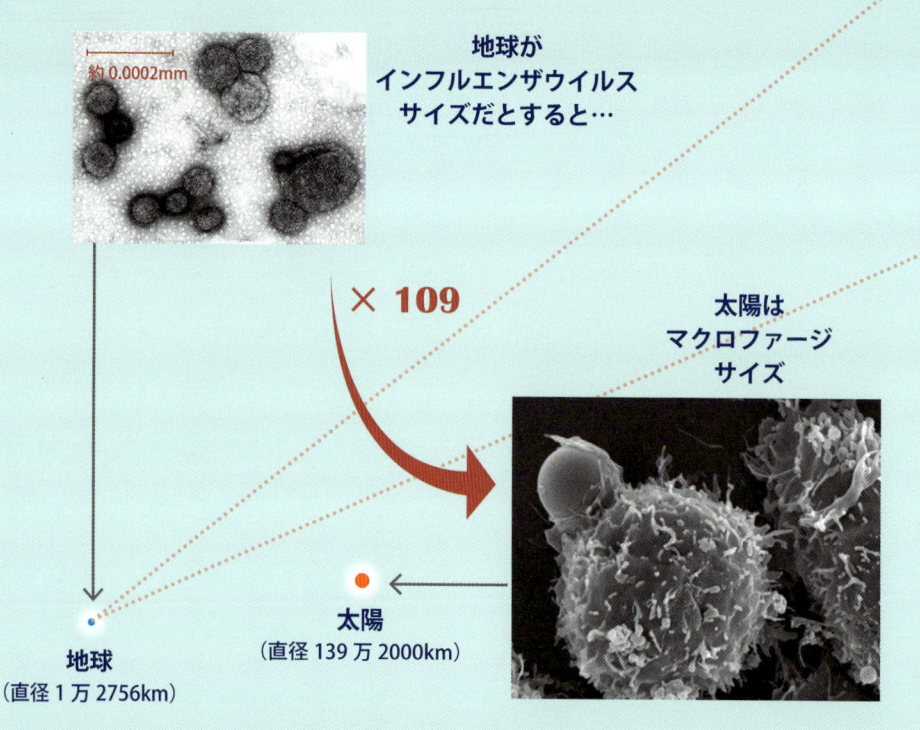

約0.0002mm

**地球が
インフルエンザウイルス
サイズだとすると…**

× 109

**太陽は
マクロファージ
サイズ**

地球
（直径1万2756km）

太陽
（直径139万2000km）

天の川銀河
（直径10万光年）

天の川銀河（銀河系）は
地球サイズ

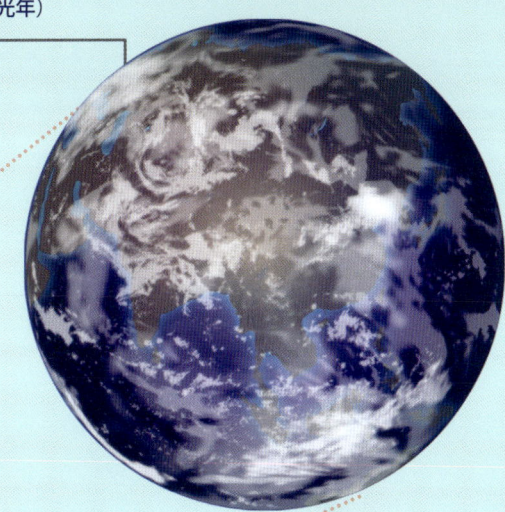

× **74,120,000,000,000**

× 100,000

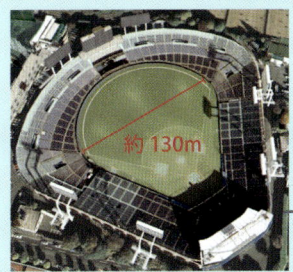

約130m

© 2010 Google

太陽系は
神宮球場の両翼間
サイズ

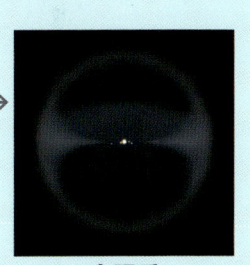

太陽系
（直径およそ1光年）

× 6,800,000

Column

意外と知らない単位の話 ①

世界共通の7つの単位

　ものごとを比較するときにかならず必要になってくるのが、共通の単位。現在、世界で最もメジャーな単位が、1945年の第10回国際度量衡総会において採択された国際単位系（SI）だ。なかでも最も基本となる単位は、長さが「メートル（m）」、重さが「キログラム（kg）」、時間は「秒（s）」、電流が「アンペア（A）」、温度が「ケルビン（K）」、物質量が「モル（mol）」、光の強さが「カンデラ（cd）」の7つ。

　とはいえ、自国の単位を貫く国も当然ある。たとえばアメリカ合衆国での長さ・重さの単位は、現在でも英語圏内の国が慣習的に使用する「ヤード・ポンド法」のほうが主流だ。

Chapter 02
距離・速さ
distance & velocity

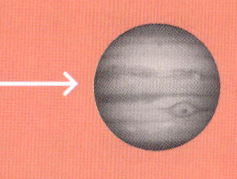

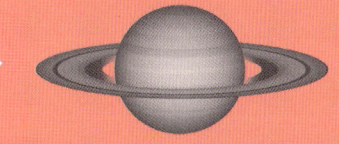

宇宙には、光年、AU（天文単位）などという
宇宙専用の長さのものさしがある。
それを使えばすっきり表わせはするけれど、
実際どれくらいの距離なのかは
さっぱりわからない。
ここはひとつ、スケールダウンして
わかりやすくしてみよう。

| 惑星間の距離 |

太陽系の「距離感」を身近な距離でたとえると

　太陽系の惑星同士はどれくらい離れているのか。なんせザラに1億kmくらい離れている世界なので、その距離感はなかなか実感しがたい。スケールダウンして考えてみよう。太陽系の惑星の距離を1000万分の1に縮小し、太陽を東京ドームに置いたとする。すると、太陽から水星、金星、地球まではかなり近く、東京都内に収まってしまう。火星と木星もまだ近いほうで東京都のお隣の神奈川県内。ここまでがギリギリ関東圏内に収まる。

　いっぽう、土星から先は惑星間の距離もどんどん広がっていく。土星は日本アルプスのひとつ、別名南アルプスとも呼ばれる赤石山脈あたり、天王星は伊勢湾あたり、海王星は淡路島あたり。冥王星に至っては北海道は室蘭市の地球岬に達してしまう。

　こうして見ると、地球と月がいかに近いかもわかる。太陽を東京ドームとすると、地球は縄文時代の遺跡・大森貝塚で知られる東京都大田区の大森駅あたり。月はそのわずか38m外側を回っていることになるのだ。

月は大森駅（地球）から38mくらいのところを回っている（地球―月の距離は38万km）

水星
→原宿駅
太陽から約5800万km
＝東京ドームから約6km

金星
→大井町駅
太陽から約1億1000万km
＝東京ドームから約11km

地球
→大森駅
太陽から約1億5000万km
＝東京ドームから約15km

木星
→箱根温泉
太陽から約7億8000万km
＝東京ドームから約78km

火星
→鶴見駅
太陽から約2億2800万km
＝東京ドームから約23km

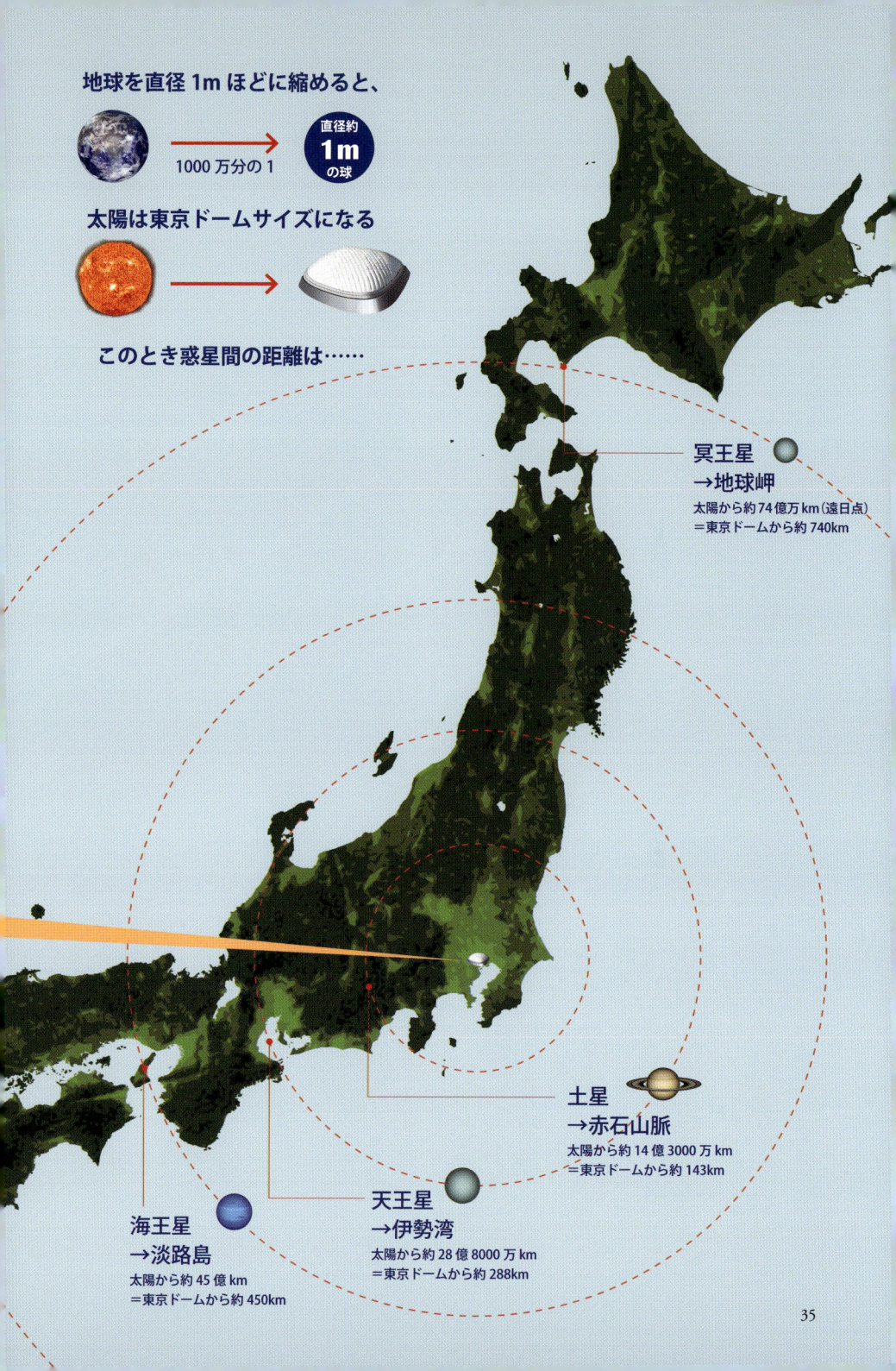

地球を直径 1m ほどに縮めると、

1000 万分の 1 → 直径約 **1m** の球

太陽は東京ドームサイズになる

このとき惑星間の距離は……

冥王星
→地球岬
太陽から約 74 億万 km（遠日点）
＝東京ドームから約 740km

土星
→赤石山脈
太陽から約 14 億 3000 万 km
＝東京ドームから約 143km

天王星
→伊勢湾
太陽から約 28 億 8000 万 km
＝東京ドームから約 288km

海王星
→淡路島
太陽から約 45 億 km
＝東京ドームから約 450km

ロケットで
約10時間

乗用車で
約198日

ジェット機で
約18日

月への所要時間

月までは遠い？ 近い？

月と地球の平均距離は38万4400km。太陽系の惑星間の距離レベルで考えると、月と地球の距離が近いのは先述したとおり。では、われわれがよく知る移動手段で実際に地球から月に移動すると考えると、その所要時間はどうなのか。重力などの条件をいっさい無視して考えると、時速約3万8000kmのロケットで、約10時間、時速約900kmのジェット機で約18日、時速約300kmの新幹線で約53日、時速約80kmの自動車で約198日。時速約20kmのマラソンランナーで約777日となんだかおおでたい数字でがんばって走ると、どれば2年と1カ月くらいで月に到着すると考えると、どれにかなりそうな気もしてくる。

となると1969年にアポロ11号がはじめて月面着陸したとときに人類はおおいにわきたったが、じつはたいしたことなかったのでは？ とも考えたくもなる。が、ここでいっさい無視している条件をいかにクリアするかが難しいのだ。図では黄色の線でアポロ11号がたどった経路を示した。実際にかかった時間は、月着陸まで102時間45分（4日と6時間45分）。何度も迂回する動道は「何事も単純にいかない」という教訓を含んでいるように見えなくもない。

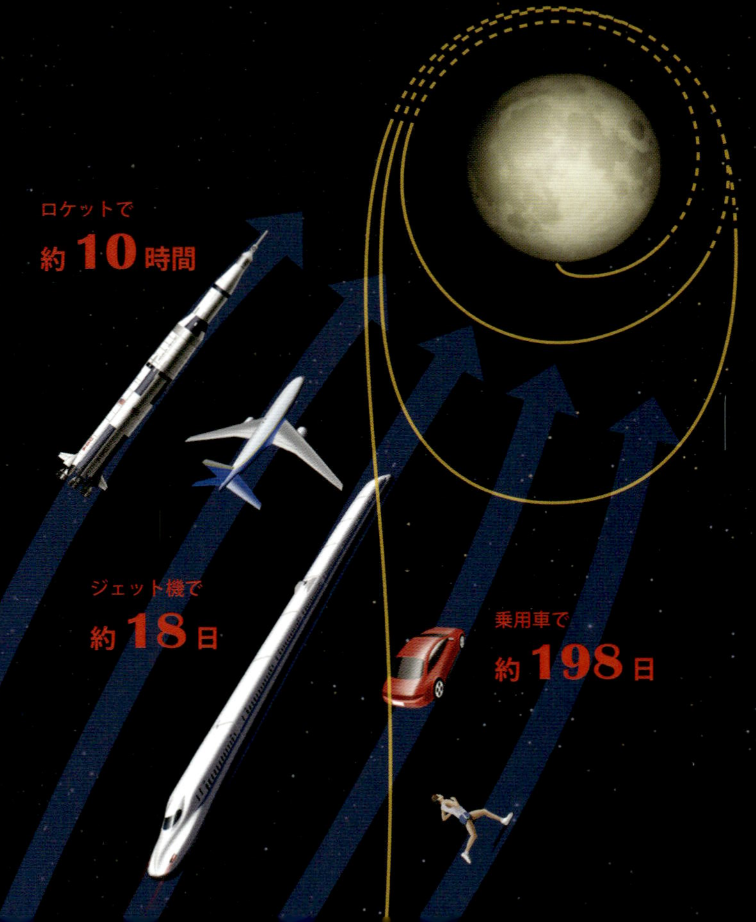

マラソンで
約**777**日

新幹線で
約**53**日

アポロ11号の月面着陸ミッション

アポロ11号のミッションは、人類初の月面着陸と安全な帰還だった。1969年7月20日、アポロ11号は月面に着陸。ニール・アームストロング船長が月面に人類最初の第一歩を記し、「これはひとりの人間にとっては小さな一歩だが、人類にとってはおおいなる飛躍である」という名言を残している。その後、宇宙飛行士たちは写真撮影を行ない、21.7kgの月の石を収集。2時間20分ほどの月面活動をして、地球に戻ってきた。

惑星の赤道距離
もしも太陽と惑星を人で取り囲んだら

大人ひとりが
手を広げた横幅は
およそ 1.2m

1250万人 ≒ 水星（約 1万 5000km）

水星は東京都民が総出で取り囲んだのと同じくらいの大きさ。

36億人 ≒ 太陽の赤道距離（約 437万 km）

地球の人口は2010年10月時点でおよそ69億人（国連推計より）。全人口の52%の人が手をつなげば、太陽を取り囲めることになる。

　太陽と惑星のサイズにかなり幅があるということは、当然その円周である赤道距離の長さにも幅がある。その赤道距離をいかに実感するか。ひとつ、シミュレーションをしてみよう。まず、両手を左右に開いてみる。大人ひとりが普通に手を広げた横幅はおよそ1.2mといわれている。次に、近くにいる人にも同じように手を広げてもらって、手をつないでみよう。これで2.4mだ。こうして、東京都民約1250万人全員が手をつないだとすると、その距離は約1万5000kmになり、水星なら取り囲むことができる。
　日本の全人口約1億3000万人が手をつないだとすると、理論上では天王星と海王星を取り囲むことができる。土星、木星は赤道距離がかなり長いので、もっと人口の多い国の人たちが国同士で協力して手をつなぐ必要が出てくる。太陽ともなると、国レベルではなく地球レベルで手をつなぐ必要がある。太陽の大きさもさることながら、地球人口のおよそ半数で太陽を取り囲めてしまう人間の数の多さにもびっくりだ。

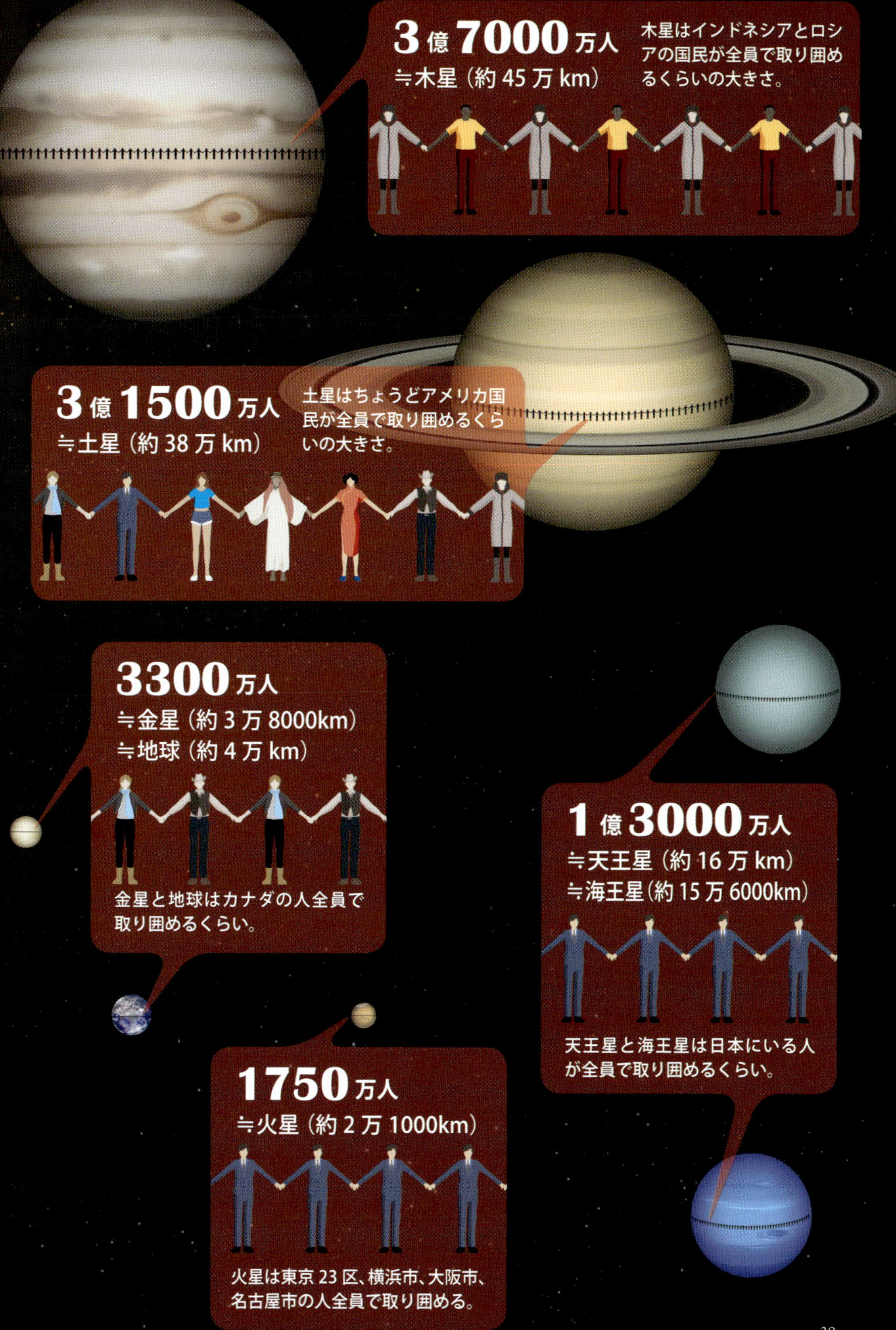

3億7000万人
≒ 木星（約45万km）

木星はインドネシアとロシアの国民が全員で取り囲めるくらいの大きさ。

3億1500万人
≒ 土星（約38万km）

土星はちょうどアメリカ国民が全員で取り囲めるくらいの大きさ。

3300万人
≒ 金星（約3万8000km）
≒ 地球（約4万km）

金星と地球はカナダの人全員で取り囲めるくらい。

1億3000万人
≒ 天王星（約16万km）
≒ 海王星（約15万6000km）

天王星と海王星は日本にいる人が全員で取り囲めるくらい。

1750万人
≒ 火星（約2万1000km）

火星は東京23区、横浜市、大阪市、名古屋市の人全員で取り囲める。

恒星までの距離

隣の星までの距離はどれくらい？

　宇宙には太陽のような恒星がたくさんあるが、互いの距離はすごく離れている。太陽系に最も近いお隣の恒星は、プロキシマ・ケンタウリという星だ。この星はケンタウルス座α星（α星はその星座のなかで最も明るい星のこと）という三重連星のうちのひとつ。この星がどれくらい離れているかというと、その場所は宇宙を100億分の1サイズに縮めて、太陽を東京駅に置いたとすると、東京駅から4000km離れたモンゴルとシベリアの国境付近にあるアルタイ山脈あたり。

　ちなみに34ページで1000万分の1に縮小したときは、太陽から地球までの距離は東京ドームから大森駅までの距離だったが、100億分の1の縮尺だと地球は太陽の150m外側を公転していることになる。太陽が東京駅の中心にあるとすると、地球は下手をすると駅構内だ。太陽系の果てにあるといわれる「オールトの雲」でさえも、東京駅から約300km離れた愛知県と三重県の県境、伊勢湾付近に位置することになる。

　実際の太陽から「オールトの雲」までの距離は、太陽から地球までの平均距離（約1.5億km）を1AUとする天文単位で表わすと、1万～10万AU。それをはるかに超えるプロキシマ・ケンタウリは、相当遠く離れていることになる。

東京駅から
4000km

プロキシマ・
ケンタウリ
→アルタイ山脈付近

太陽系に一番近い恒星のプロキシマ・ケンタウリまでの距離は、近いといっても4.2光年。1光年が約9兆4600億kmなので、約39兆7000億kmも離れていることになる。この距離を100億分の1にするとざっと4000kmで、東京～アルタイ山脈間の距離に相当する。アルタイ山脈は全長約2000kmの大山脈で金や銀など鉱物資源を豊富に含むという。

太陽系の果て「オールトの雲」

太陽系の果てには、ちりや水、二酸化炭素などの氷のかたまりでできた彗星が太陽系をぐるりと取り囲んでいると考えられている。これを予想したオランダの天文学者ヤン・オールトにちなんで、この彗星の集まりを「オールトの雲」と呼ぶ。オールトの雲は太陽系の中心から、1万〜10万AUの範囲にあるといわれている。が、あまりに遠いためまだ実際に観測されたことはない。

1万〜10万AU

宇宙を100億分の1サイズに縮めて、東京駅を太陽だとすると…

東京

地球は東京駅（太陽）から150mくらいのところにある（太陽—地球の距離は1AU＝約1.5億km）

東京駅から
300km

オールトの雲
→伊勢湾付近

東京から300kmの距離というと、中部地方南部の伊勢湾くらいの場所にあたる。伊勢湾は名古屋港や四日市港などの大規模な貿易港があり、沿岸には多くのコンビナート、産業用倉庫が立ち並ぶ。

ⓒ 2011 Google　ⓒ 2011 ZENRIN

> 最 遠 の 天 体

一番遠い天体までは
どれほど遠い？

直径 10 万光年の
天の川銀河を
直径 100m に縮めると…

946 京分の 1
サイズ

100m

　前項では、太陽系に最も近い恒星のプロキシマ・ケンタウリでさえいかに遠いか、ということを力説したわけだが、宇宙全体レベルでいうと太陽からプロキシマ・ケンタウリまでの距離はもはや印刷できないくらい小さい。この広い宇宙全体で一番遠い天体までを表わそうとすると、まず直径 10 万光年の天の川銀河（銀河系）を 946 京分の 1 サイズ（1 京＝ 1 兆の 1 万倍）まで縮小する必要がある。すると直径 10 万光年の天の川銀河は直径 100m。銀河の中心から太陽系までの距離は 28m、太陽系の中心にある太陽からプロキシマ・ケンタウリまでの距離はたった 4mm 程度となる。

　太陽系の外には天の川銀河が広がり、さらにその天の川銀河の外にもさまざまな銀河を含む宇宙が広がっている。現時点で一番遠くに観測された天体は、ハッブル宇宙望遠鏡が観測した 132 億光年かなたにある銀河「UDFj-39546284」だ。これは例のごとく東京駅に天の川銀河の中心を置いたとすると、東京から約 1 万 3200km 離れたアフリカ大陸西海岸付近までの距離に相当する。太陽系が東京駅の中心から 28m（駅の外にも出ていないかもしれない）であるのに対して、一番遠い天体が東京―アフリカ大陸という距離なので、地球―太陽間の距離などはこの縮尺で表わそうと考えるほうがどうかしている。とにもかくにも「それだけ宇宙は広い」のひと言につきるのだ。

東京から
13,200km

UDFj-39546284
→アフリカ大陸西岸付近

「UDFj-39546824」は宇宙が誕生したビッグバンから約 4 億 8000 万年後に生まれた原始銀河で、後世に生まれた銀河よりもサイズが小さい。地球が属している天の川銀河の大きさと比較すると 100 分の 1 しかないという。

太陽系は中心から 28m

太陽を含む直径10万光年の天の川銀河を946京分の1サイズまで縮小すると、天の川銀河は直径100m。太陽系のある位置は中心から28m。28mといっても、実際は2.8万光年だ。その中心の太陽から、日本では「すばる」とも呼ばれるプレアデス星団（約410光年）までは41cm、北極星（約430光年）までは43cm。手を伸ばせば届く距離になってしまう。

```
50   40   30   20   10   0
cm   cm   cm   cm   cm   cm
```
太陽から **43cm** 北極星
太陽から **41cm** プレアデス星団
太陽系中心（太陽）

```
50   40   30   20   10   0
m    m    m    m    m    m
```
天の川銀河の端
銀河中心から **28m** 太陽系
銀河中心

東京駅

東京から **900km**
かんむり座 A2065
→ 長崎半島付近

約9.5億光年先にある「かんむり座A2065」は、この縮尺なら東京駅から約950km離れた長崎半島くらいになる。

東京から **500km**
ヘルクレス座 A2151
→ 小豆島付近

約5億光年先にある「ヘルクレス座A2151」はこの縮尺なら東京駅から約500km離れた小豆島くらいになる。

> 惑星の公転速度

太陽系のなかで最も駿足な惑星って？

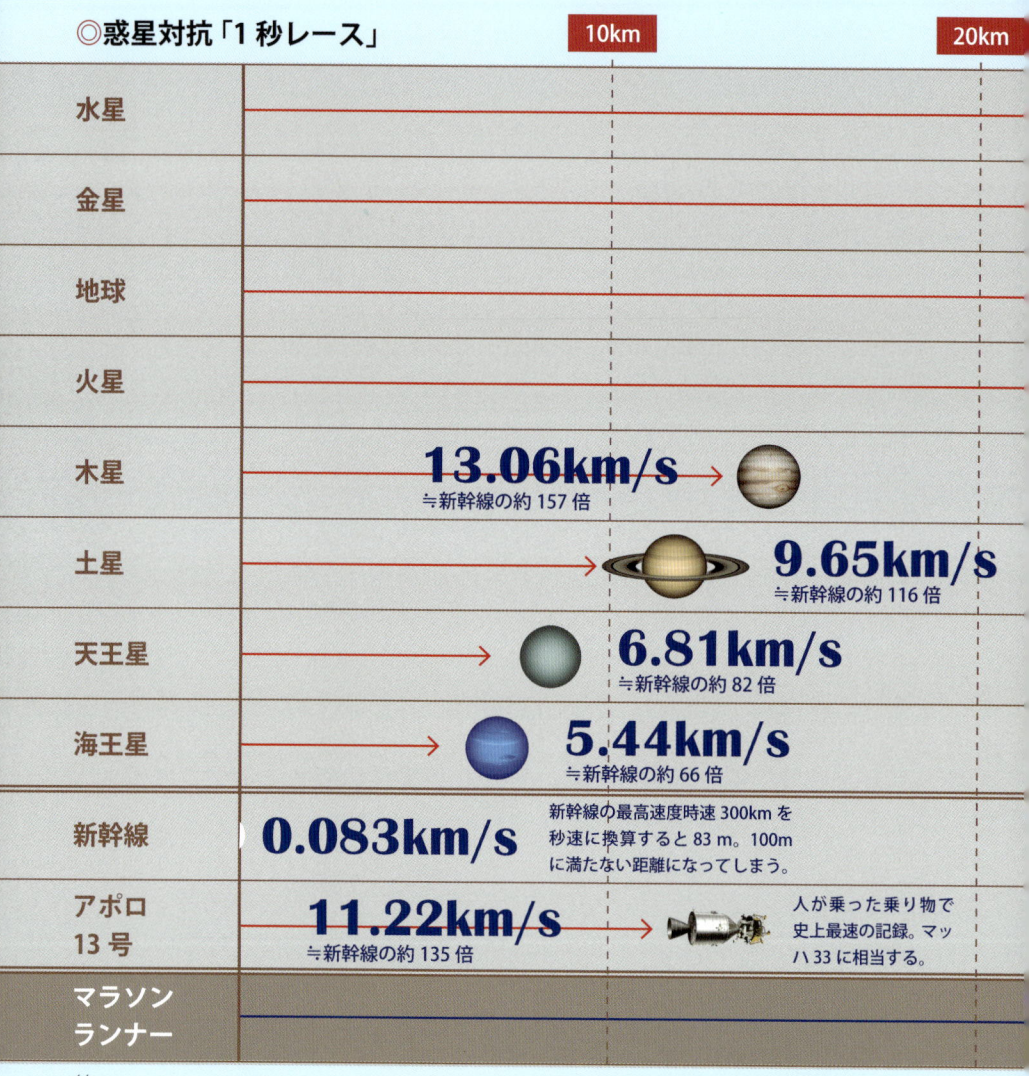

◎惑星対抗「1秒レース」

		10km	20km
水星			
金星			
地球			
火星			
木星	13.06km/s ≒新幹線の約157倍		
土星	9.65km/s ≒新幹線の約116倍		
天王星	6.81km/s ≒新幹線の約82倍		
海王星	5.44km/s ≒新幹線の約66倍		
新幹線	0.083km/s	新幹線の最高速度時速300kmを秒速に換算すると83m。100mに満たない距離になってしまう。	
アポロ13号	11.22km/s ≒新幹線の約135倍	人が乗った乗り物で史上最速の記録。マッハ33に相当する。	
マラソンランナー			

すべての天体は、それぞれの軌道上をそれぞれの速度で公転している。ではその速度とは？太陽系の惑星で比較してみると、下のとおり。数値は軌道上の位置によって多少異なる速度の平均値をとった「平均軌道速度」で、なんと秒速。たとえば時速300kmの新幹線は秒速にすると約0.083km（約83m）になるから、一番"鈍足"な海王星にしてもかなりの猛スピードで動いていることになる。人間とくらべると、人類最速のマラソン選手が1レースを走りきっても、水星が1秒後にいる地点にはたどりつけない計算。ちなみにレース結果の順位が太陽から近い順と同じになっているのは、太陽との距離が近いほど太陽の引力の影響が大きく、太陽に引っ張り込まれないためには高速で回転し、そこで生じる遠心力によってバランスをとる必要があるため。つまり、レースの結果自体ははじめから勝敗の決した"出来レース"なのでした。

30km **40km** **50km**

47.36km/s
≒新幹線の約571倍

35.02km/s
≒新幹線の約422倍

29.78km/s
≒新幹線の約359倍

24.08km/s
≒新幹線の約290倍

探査機の省エネにひと役かっている「公転速度」

アポロ13号の秒速11.22kmという速度は、有人探査機では最速。しかし宇宙を旅する無人探査機はより高速で飛行している（たとえば現在太陽から約176億kmに到達したボイジャー1号は太陽との相対速度で秒速約17km）。その速度を得るためにひと役かっているのが、地球の公転速度だ。地球から公転方向に向かって打ち上げた探査機は、もともと地球の公転速度、秒速約30kmをもっていることになる。この速度を推進力に変えて最小限のエネルギーで目的地をめざすのだ（そのための打ち上げ軌道を「ホーマン軌道」と呼ぶ）。現在の惑星探査機の多くは、より早く目的地へ到達できる軌道として考案された「準ホーマン軌道」を採用している。

人類最速のランナーでも2時間かかって水星の1秒分以下

42.195km
≒秒速5.67m ≒新幹線の15分の1

2011年現在マラソン世界記録はエチオピアのハイレ・ゲブレセラシェの2時間3分59秒。

光の速さ

宇宙の高速王！
光の実力とは

真空中の光や電波はこの世界にある物質のなかで、最も速く空間を移動することができる。その速さは、1秒間に約30万kmもの距離を進み、距離にして地球7周半に値するという。
　向かうところ敵なしの様相を呈している光だが、果たしてどれほどの実力なのだろうか。ス

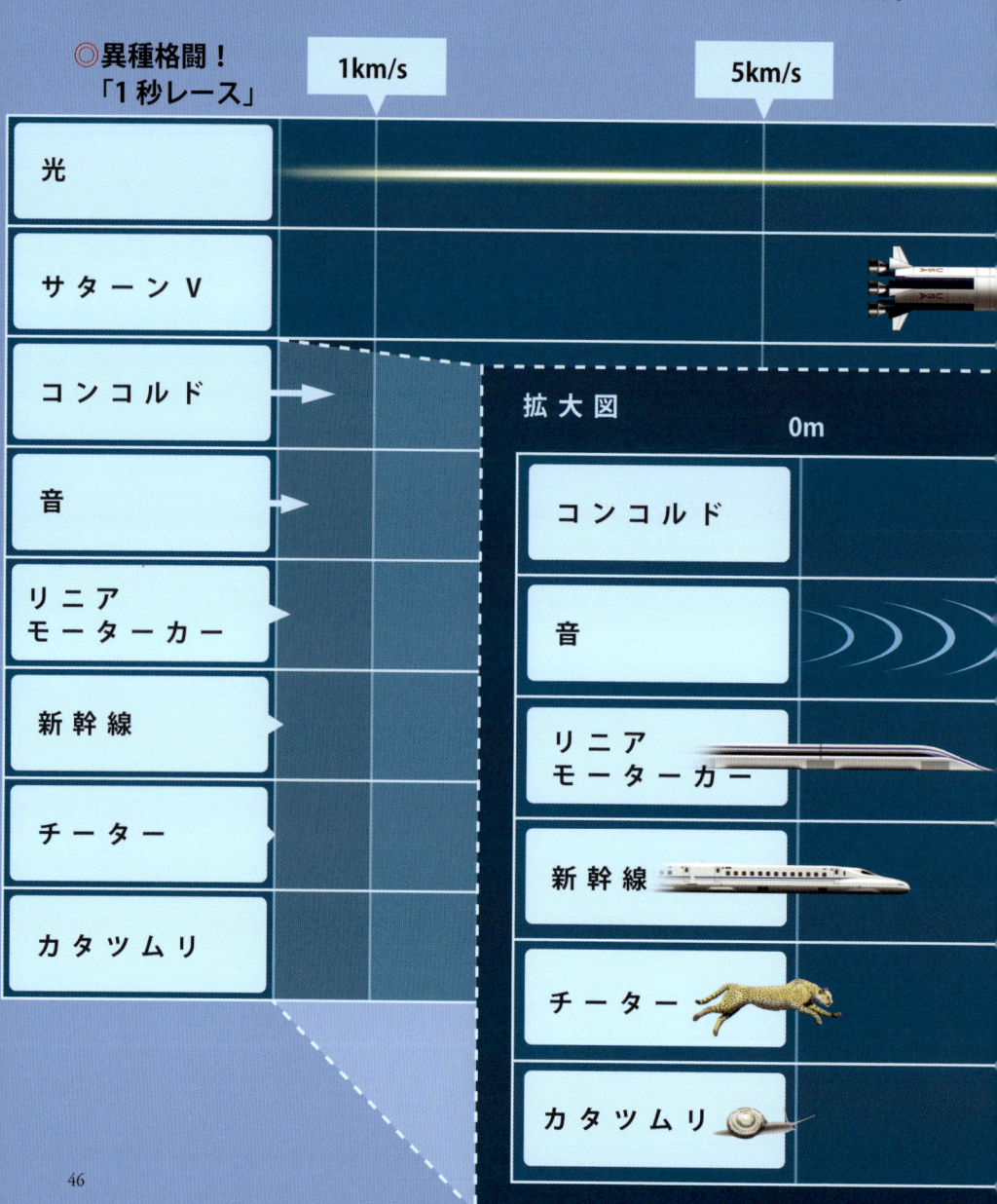

◎異種格闘！「1秒レース」

| | 1km/s | 5km/s |

- 光
- サターンV
- コンコルド
- 音
- リニアモーターカー
- 新幹線
- チーター
- カタツムリ

拡大図　0m

- コンコルド
- 音
- リニアモーターカー
- 新幹線
- チーター
- カタツムリ

ピード自慢の猛者を集めて、たった1秒だけのスピードレースを開催してみた。

結果は当たり前だが全員惨敗。唯一善戦したのが秒速11kmのサターンVロケットだが、やはり秒速30万kmの光に勝負を挑むにはとてもかなわない。以降の出場者はすべて秒速1km圏内で、光と同じ土俵で勝負すること自体が間違っているような気がする。マッハ2の音速を超える伝説的旅客機コンコルドでさえも秒速600m、音速も秒速340mというありさま。カタツムリに至ってはもはや記念レース。やはり光は圧倒的な存在なのだ。

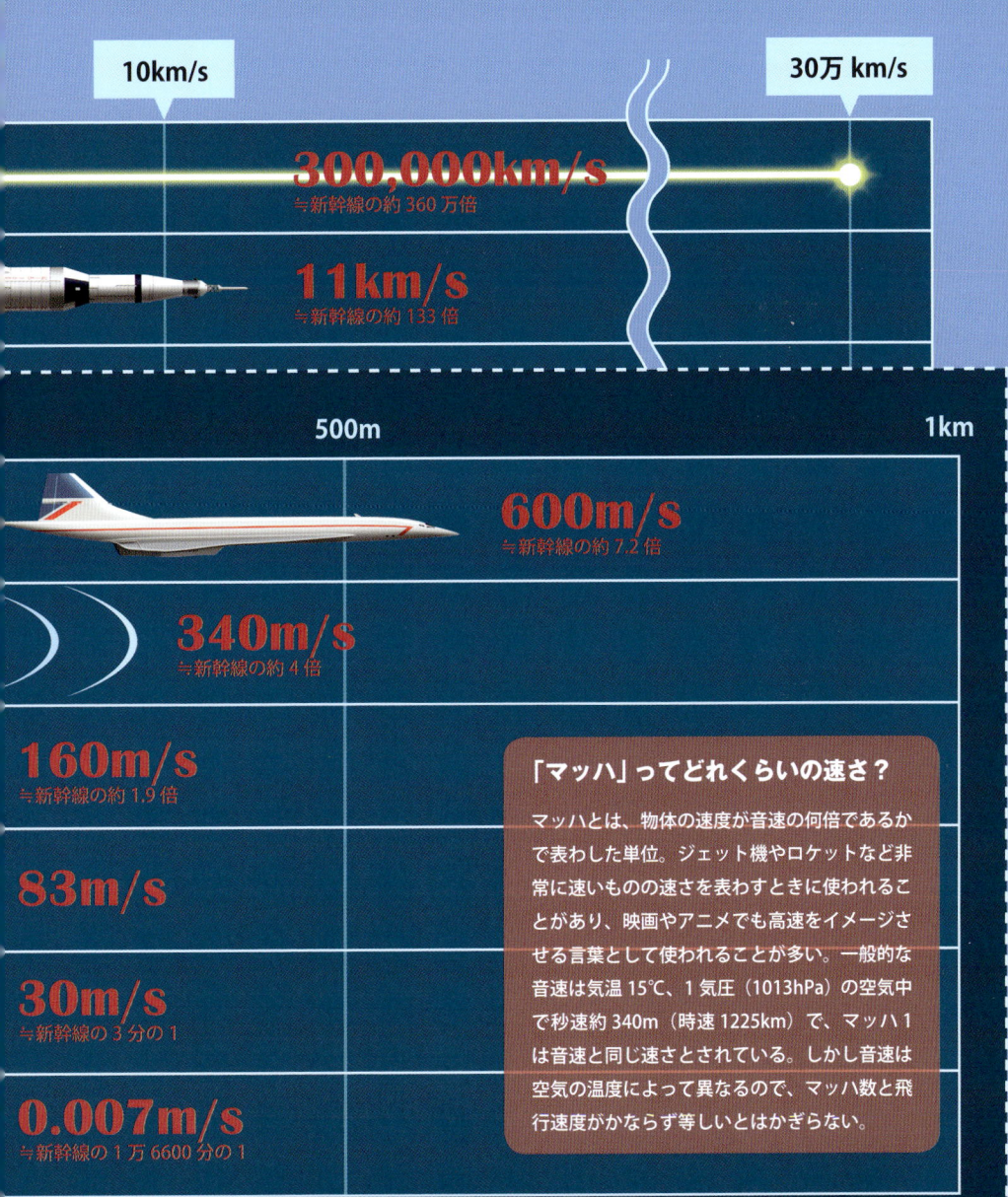

10km/s

30万 km/s

300,000km/s
≒新幹線の約360万倍

11km/s
≒新幹線の約133倍

500m　　　　　　　　　　1km

600m/s
≒新幹線の約7.2倍

340m/s
≒新幹線の約4倍

160m/s
≒新幹線の約1.9倍

83m/s

30m/s
≒新幹線の3分の1

0.007m/s
≒新幹線の1万6600分の1

「マッハ」ってどれくらいの速さ？

マッハとは、物体の速度が音速の何倍であるかで表わした単位。ジェット機やロケットなど非常に速いものの速さを表わすときに使われることがあり、映画やアニメでも高速をイメージさせる言葉として使われることが多い。一般的な音速は気温15℃、1気圧(1013hPa)の空気中で秒速約340m(時速1225km)で、マッハ1は音速と同じ速さとされている。しかし音速は空気の温度によって異なるので、マッハ数と飛行速度がかならず等しいとはかぎらない。

波長
500
100
1
10^{-2}
10^{-4}
10^{-6}
10^{-8}
10^{-10}
10^{-12}
[m]

電磁波の波長

宇宙の「波」をくらべてみると

　一般的に人間の目に見える光は、電磁波のごく一部で可視光とも呼ばれている。電磁波とは簡単にいうと電場と磁場がつくる波のことで、波長の長さによってそれぞれ異なる性質をもつ。波長とは、波のサイクル1回分の長さをいう。ここではそんな電磁波のいろんな種類を紹介しよう。

　電磁波は波長が短いほどエネルギーが強く、透過能力が高い。よって原子レベルほど小さいγ線（ガンマ線）は高エネルギーで、生体への影響も大きい。分子レベルほど小さいX線も透過能力が高いので、レントゲンやCTスキャナーなどに使われている。その次に短いのが紫外線。太陽光線に含まれる紫外線のほとんどは大気圏で吸収されるが、少しだけ地上まで届き人体に皮膚ガンなどの悪影響をおよぼすことが知られている。この次に波長が短いのが可視光で、赤外線は可視光より波長が長く、電波より短いものをさす。

　マイクロ波は電波の一種で、このあたりでようやく波長の長さが体長3mmのアリ程度ならまたげる長さになる。携帯電話などで使われているのがこのレベルの電波だ。そしてFM電波ともなると両手を広げた人くらいをまたぐことができ、AMラジオともなると7両くらいの電車をまたげるくらいの波の大きさとなる。AMラジオ波くらい波長が大きいと、大きな建物などもまたげるので障害物にはばまれることが少なくなる。AMラジオ波がFMラジオ波よりも受信しやすいのはこのためだ。

波長100pm（ピコメートル）のX線なら、またげるのは分子サイズのもの。

波長1pmのγ線なら、またげるのは原子サイズのもの。

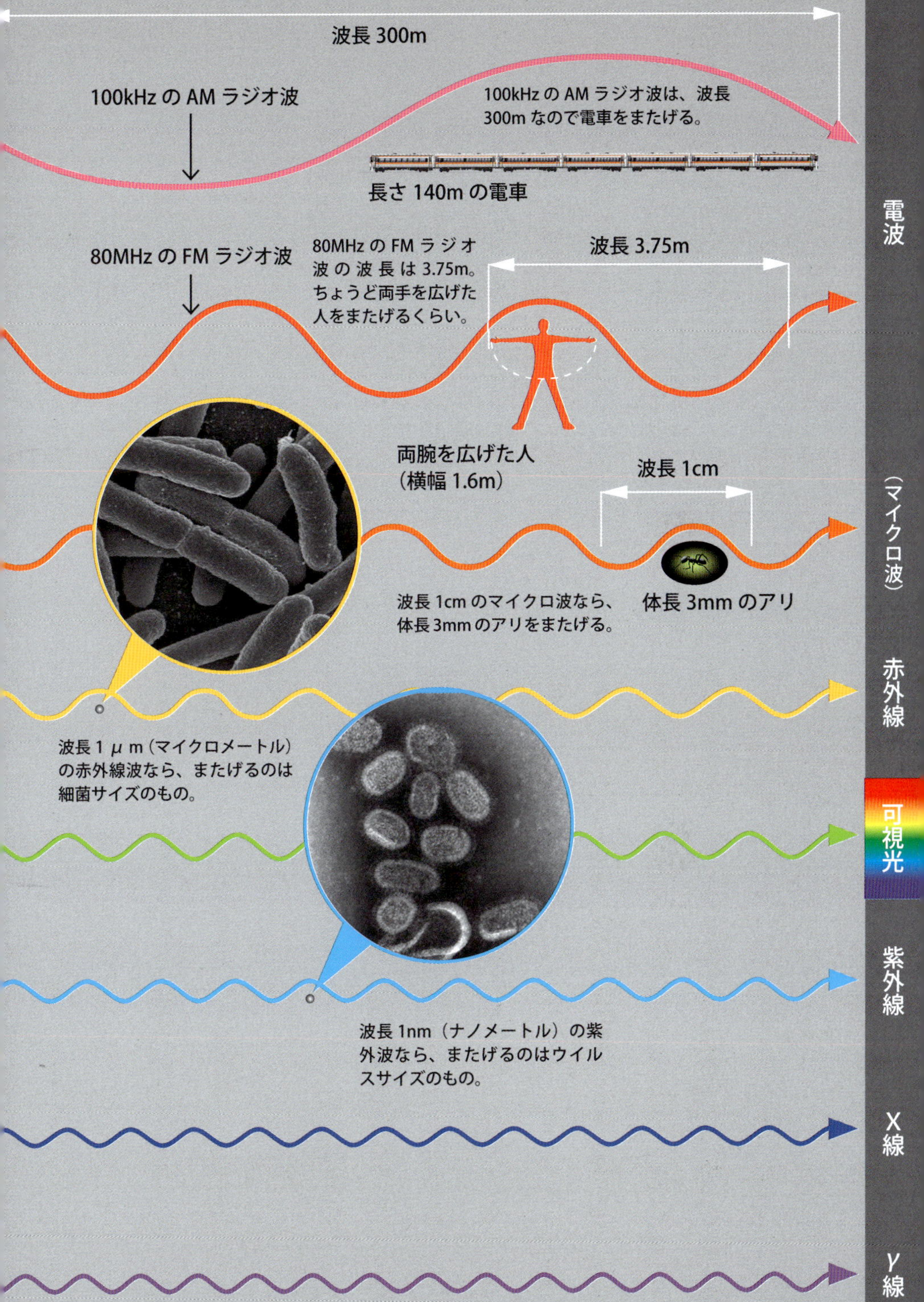

波長 300m

100kHz の AM ラジオ波 → 100kHz の AM ラジオ波は、波長 300m なので電車をまたげる。

長さ 140m の電車

80MHz の FM ラジオ波 → 80MHz の FM ラジオ波の波長は 3.75m。ちょうど両手を広げた人をまたげるくらい。

波長 3.75m

両腕を広げた人（横幅 1.6m）

波長 1cm

体長 3mm のアリ

波長 1cm のマイクロ波なら、体長 3mm のアリをまたげる。

波長 1μm（マイクロメートル）の赤外線波なら、またげるのは細菌サイズのもの。

波長 1nm（ナノメートル）の紫外波なら、またげるのはウイルスサイズのもの。

電波

（マイクロ波）

赤外線

可視光

紫外線

X線

γ線

> 惑星大気の速さ

あの惑星で風にのったら1日でどこまで行ける？

　地球をはじめとする太陽系のほとんどの惑星には大気があり、そこではさまざまな大気運動がある。なかには地球の常識からは想像もつかない大気運動が起こっている星もある。

　たとえば、地球上で起こる台風は通常時速72kmくらいの速さだ。ということは、この台風に乗って1日移動したとすると、東京から1700kmのサハリンくらいまで移動することができる。ちなみに地球上の巨大竜巻で時速約450kmなので、仮にこの巨大竜巻で1日移動できるとすると東京からニューヨークまで移動できる。

　ところが、宇宙には地球上の巨大竜巻くらいの風がつねに吹いている星がある。それが金星だ。金星は地球の100倍もの質量をもつ大気が時速360kmで吹いている。もしこれに乗って1日移動すれば、東京からデンマークの首都のコペンハーゲンまで行ける。さらに上手をいくのが海王星で、この星では時速2000kmに達する風がつねに吹いている。その風に乗れば、1日で地球1周以上は軽く達成できるというわけだ（生きていられるかどうかは別として）。

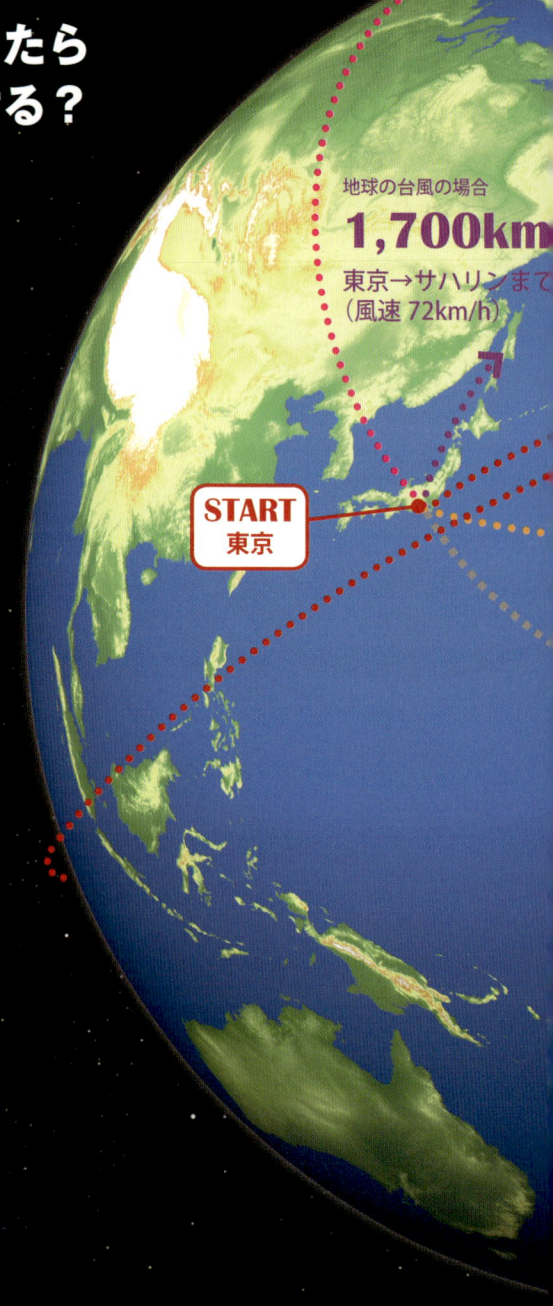

地球の台風の場合
1,700km
東京→サハリンまで
（風速 72km/h）

START
東京

金星大気の場合
8,700km
東京→コペンハーゲンまで
（風速約360km/h）

地球の巨大竜巻の場合
18,000km
東京→ニューヨークまで
（風速約 450km/h）

海王星大気の場合
48,000km
東京→地球1周＋ロサンジェルスまで
（風速約 2,000km/h）

〔参考記録〕新幹線なら
7200km
東京→ハワイまで
（300km/h）

海王星の「風」

木星と同じく水素やヘリウムを主成分とする海王星は、激しく渦巻く大気におおわれている。赤道付近では秒速約400m以上の強風が東から西へと吹いて、その風の強さは地球の竜巻の4倍以上といわれている。この大気活動の源は不明だが、内部になんらかの発熱源があるのではないかと考えられている。太陽から遠いわりに表面温度が高いので、深層部では想像もつかないようなことが起こっている……とも考えられるのだ。

> 系外惑星の軌道

もしも「ホットジュピター」が太陽系にあったら

　「ホットジュピター」を直訳すると、「熱い木星」となる。近年発見が相次いでいる太陽系の外の惑星（「系外惑星」と呼ぶ）のなかで、この類の惑星は恒星に極めて近い距離の軌道上を公転しているため、強烈な恒星光で表面温度が高温になると予想されている。そのことに由来するネーミングだ。

　1995年、ホットジュピター第1号となるベレロフォンが発見されたことにより、従来の惑星理論はぶっとんだ。それまでは、恒星のすぐ近くに巨大なガス惑星が誕生するはずはないと考えられていたからだ。ところが、木星級に巨大なベレロフォンは母恒星となるペガスス座51番星からほんのすぐそこで公転していた。

　では、そのホットジュピターの驚くべき至近距離とはいったいどれほどのものなのだろうか。もし太陽系に、観測史上最大のホットジュピター・TrES-4bがあったとしたら。おなじみの太陽を東京ドームサイズまで縮める1000万分の1の縮尺で考えると、太陽からTrES-4bまでの距離はなんと760m。これは水星から太陽までの距離の10分の1以下の至近距離となる。さぞかし表面はホットなことだろう。

水星
≒原宿駅

金星
≒大井町駅

地球
≒大森駅

火星
≒鶴見駅

木星
≒箱根温泉

太陽を東京ドームサイズに縮めると

1000万分の1

ホットジュピターまでの距離は……

ホットジュピター「TrES-4b」とは

TrES-4bは地球からヘルクレス座の方向、1400光年かなたにあるホットジュピターで、母恒星から約760万kmの軌道を3.5日に1回公転している。そのサイズは半径が木星の1.67倍と観測史上最大で、質量は木星の0.84倍と最も密度が小さい系外惑星といわれている。この密度は水の4分の1か5分の1ほどという小ささ。表面温度は約1600K（約1300℃）という猛烈な熱さであることが予想されている。

TrES-4b 想像図。右がTrES-4bで左は木星。木星よりもかなり大きいことがわかる。

ⓒ 2011 Google　ⓒ 2011 ZENRIN

母恒星の大きさ

東京ドームから **760m**

東京ドーム

≒飯田橋駅

TrES-4b →　←飯田橋駅

> 探査機の飛行距離

史上最遠の地点を旅する探査機の居場所とは

　現在の惑星科学の発展があるのは、宇宙を旅しながら調査をしている探査機たちのおかげといえるだろう。いまや火星よりも遠くの宇宙探査はアメリカの独り勝ち状態で、NASAが打ち上げたパイオニア10号、11号とボイジャー1号はたて続けに木星と土星に接近し、ボイジャー2号は、木星、土星を調査した後、天王星、海王星をはじめて探査した。なお、パイオニア11号は1995年11月に通信が途絶えた。

　そしてボイジャーが調査できなかった冥王星や、さらにその外側にある太陽系外縁天体（海王星の軌道より外側にある小天体）の領域に向けては、2006年にニューホライズンズを打ち上げている。

　さて、この人類最先端の旅をする探査機たちの飛行距離はいかほどなのか。前項と同様に宇宙を1000万分の1に縮小して考えると、2011年7月現在、最前線のボイジャー1号で、その距離は1740km。大森駅が地球だとすると宮古島付近だ。ニューホライズンズは300kmで山形市あたりだが、2015年冥王星到着をめざし、現在1日に120万km（1000万分の1ではなく実際の速度）という猛スピードで追い上げている。

ボイジャー1号は大森駅から
1740km
≒宮古島付近
（地球から174億1500万km）

1977年にNASAが打ち上げた惑星探査機。現在は地球から最も遠い距離に到達した人工物となっており、あと3年ほどで太陽圏を脱出し、星間空間に近づくといわれている。

パイオニア10号は大森駅から
1569km
≒沖縄付近
（地球から156億8460万km）

1973年にNASAが打ち上げた世界初の木星探査機。現在は地球から53光年離れたアルデバランの方向へ移動中。ただしアルデバランに到着するのは約170万年後。

太陽を東京ドームとすると

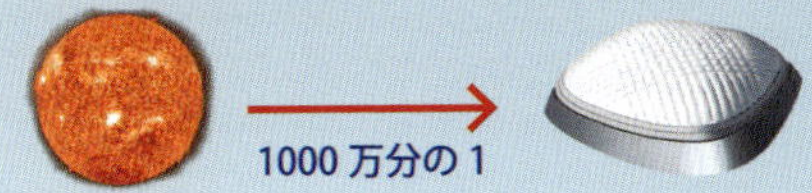

1000万分の1

地球があるのは大森駅あたり。

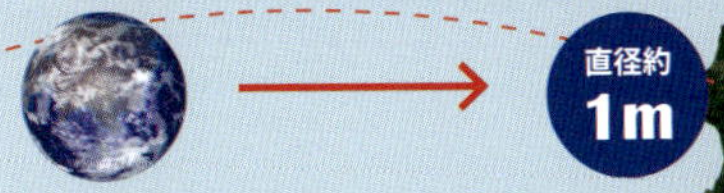

直径約 **1m**

大森を出発した探査機は……

ボイジャー2号は大森駅から
1423km
≒択捉島付近
（地球から142億2660万km）

ボイジャー1号より16日先に打ち上げられた。天王星、海王星に接近した唯一の探査機。打ち上げの8年半後に天王星に到着し、天王星本体のほか、環や衛星を観測。5つの衛星の表面写真も撮影している。

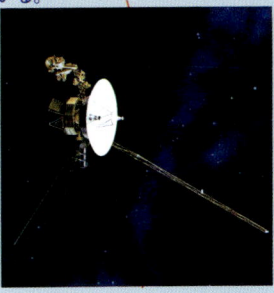

土星の軌道（地球から約14億3000万km）

天王星の軌道（地球から約28億8000万km）

海王星の軌道（地球から約45億km）

冥王星の軌道（地球から約74億km）

ニューホライズンズは大森駅から
300km
≒山形市付近
（地球から30億km）

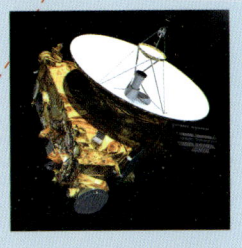

2006年にNASAが打ち上げた惑星探査機。2015年冥王星へ最接近する予定。打ち上げ直後の速度は、歴代の探査機のなかで最高速度である秒速30kmを記録した。

> 天体の脱出速度

宇宙へは何キロ出せば飛び出せる？

　たとえば、直径約500mほどの超小型の小惑星イトカワならば、表面に立ってピョンと飛び上がっただけでその人は宇宙空間に飛び出せるという。これはイトカワの重力があまりにも小さいからこそ成せる技。地球ほどの重力になると、その重力圏から逃れるためには秒速11.2km以上のスピードが必要になる。この重力を振り切るために必要な最小速度のことを「脱出速度」と呼ぶ。

　では、ほかの惑星の脱出速度はどれほどのものなのか。ふたたび東京ドームを起点に考えてみよう。まず地球の脱出速度は秒速11.2km。これは1秒で東京ドームからお台場付近まで脱出するイメージだ。重力が地球の6分の1といわれている月は、当然のことながら地球よりたやすく脱出できる。その速度は秒速2.4kmで、東京ドーム起点なら1秒で皇居まで脱出するイメージになる。これくらいならなんとかなりそうな気がするが、木星ほど重力の大きい星になると1秒で成田空港付近まで移動するスピードを要求される。

海王星の脱出速度
23.5km/s
≒1秒で所沢付近

天王星の脱出速度
21.3km/s
≒1秒で羽田空港付近

太陽からの脱出速度

地球約33万個分の重さになる太陽ともなると、そうやすやすとは脱出できない。太陽の重力から逃れるための脱出速度は秒速618km。東京ドームから1秒で高知県付近まで移動できるスピードが必要になる。ちなみに46ページに登場したサターンVロケットは秒速11kmなので、その約60倍の速さがあれば脱出できることになる。

太陽の脱出速度
618km/s
≒1秒で高知県付近

木星の脱出速度
59.5km/s
≒1秒で成田空港付近

土星の脱出速度
35.5km/s
≒1秒で千葉駅付近

水星の脱出速度
4.3km/s
≒1秒で池袋駅付近

小惑星イトカワの脱出速度
15cm/s
≒広げた指の間

火星の脱出速度
5.0km/s
≒1秒で新宿駅付近

月の脱出速度
2.4km/s
≒1秒で皇居付近

金星の脱出速度
10.4km/s
≒1秒で東京港フェリーターミナル付近

地球の脱出速度
11.2km/s
≒1秒で葛西臨海公園付近

Column
意外と知らない単位の話 ②

メートルの起源

地球の北極点から赤道までの距離の 1000 万分の 1 の長さは、ちょうど 1m になる。もちろん、これは奇跡的な偶然ではない。1791 年に「北極点から赤道までの距離の 1000 万分の 1 の長さを 1m」とする「メートル法」を世界各国で決めたからだ。そしてこのメートルをもとに、広さの単位は「平方メートル（㎡）」、体積の単位は「立方メートル（㎥）」という一貫性のある単位系が生まれた。

ちなみに発足当時はザックリしていたメートル法だったが、現在では「1m は光が真空中を 2 億 9979 万 2458 分の 1 秒で進む距離」というかなり精密な基準になっている。

Chapter 03
質量・密度・重力
mass&density&gravity

身近なスケールで表わしきれいないのは、
重さ（質量）もまたしかり。
地球の質量を表わそうとすると、
「5.9472×10^{24}kg」なんてことになってしまう。
ところがここであきらめず
質量と密度、重力をはかってみると、
宇宙の意外な事実も見えてくる！

> 惑星の質量

地球の重さを小学生ひとり分とすると……

地球の質量は
5.9742×10^{24} kg

$$\frac{5.9742 \times 10^{24}}{3.15 \times 10^{23}} \fallingdotseq 19\text{kg}$$

　1章でも見た各惑星の大きさだが、たとえば木星の赤道直径は地球の約11倍ある。そこで木星の大きさはというと、むろん地球の11倍ではない。大きさとは一般的には体積のこと。球の体積の公式は3分の4×円周率（π）×半径（r）の3乗（「身の上に心配あ〜るさ」と覚えよう）だから、直径の大きさに対し3乗倍ずつ変化する。つまり直径が2倍になれば体積は8倍になる、という具合だ（先にもふれたとおり、惑星は完全な球体ではないので、厳密にいうとそのとおりにはならないが）。

　では11の3乗倍が木星の「重さ」かといえばこれも間違い。たしかに体積はそうなるが、その体積に密度を掛け合わせたものが重さ（質量）だ。木星の体積は地球の1321倍だが、密度は地球の約24％なので、質量は318倍しかない。木星は水素とヘリウムのガスを主成分としたガス惑星なので、たとえてみればワタアメのように、大きいがフワフワな天体だということだ。ここでは地球の重さを小学生ひとり分としたとき、各惑星の重さがどうなるかを見てみよう。

水星
1.1kg ≒ ピラニア
体積は地球の約5.6％で、密度は地球に次ぐ5.43g/㎤。質量は地球の約5.5％。地球を子どもとすると、ピラニアくらい。

月
230g ≒ リンゴ

金星
15kg ≒ ニホンザル
体積は地球の約85.7％で、密度は太陽系3番目の5.24g/㎤。質量は地球の約81.5％。

火星
2kg ≒ ペットボトル
体積は地球の約15.1％で、密度は3.93g/㎤。質量は地球の約10.7％。

天王星
280kg ≒ メスのトド

体積は地球の63倍。質量は地球の約15倍。密度は1.27g/cm³の氷惑星。

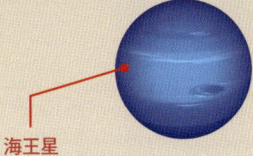

海王星
330kg ≒ トラ

体積は地球の58倍。質量は地球の約17倍。密度は1.64g/cm³の氷惑星。

土星
1.8t ≒ ハイエース

体積は地球の764倍。密度は0.69g/cm³のガス惑星。質量は地球の約95倍。

木星
6t ≒ アフリカゾウ

体積は地球の1321倍。しかし質量は地球の約318倍しかない。密度が1.33g/cm³しかないガス惑星だからだ。

> 天体の重力

重力で重さはどう変わる？

　すべての物体は引力を持つ。1687年に刊行された『プリンキピア（自然哲学の数学的諸原理）』でかの大科学者ニュートンが発表した「万有引力の法則」だ。その法則によると、ふたつの物体に働く引力は物体の質量に比例し、物体間の距離の2乗に反比例する。つまり物体の大きさが大きいほど強くなり、距離が離れるほど弱くなる。

　当時、地球が物体を引っ張っているということはすでに常識だった。しかしニュートンが天才たるゆえんは、それを天体の運動にまで発展させ、数学的に表現してみたところだ。つまりリンゴが木から落ちるのと、月が地球のまわりを回っていることが同じ原理からなる、ということを見事に証明してみせたのだ。

　さて、ある天体での「重さ」とは物体と天体に働く引力の強さのことだ。上記万有引力でいうと、天体と物体の質量と、天体と物体の距離が関わる。後者は、天体の中心と天体表面の距離、すなわち天体の半径ということだ。

鉄アレイの重量は
3kg → 84kg

女性の体重は
50kg → 1.4t

太陽の質量は地球の約33万3000倍。赤道半径は地球の約109倍。というわけで赤道での重力は地球の28倍になる。体重50kgの女性は約1.4tになるわけだが、こうなるとその重さを自覚する前に、自分の重みでぺしゃんこになってしまうはず。

太陽

鉄アレイの重量は
3kg → 500g

女性の体重は
50kg → 8.3kg

月の質量は地球の約1.2%。赤道半径は地球の3分の1から4分の1。重力は地球の約17%で約6分の1。日本の高校3年生の垂直跳び平均は男子62cm、女子44cmとされるが、月では男子3.5m、女子2.5mほど跳べることになる。

月

8つの惑星で1kgを測ってみると

それぞれの惑星の重力は水星が地球の38%、金星が91%、火星が38%、木星が237%、土星が93%、天王星が89%、海王星が111%だ。もし50kgの女性が各惑星に行くと、水星で19kg、金星で45.5kg、火星で19kg、木星で118.5kg、土星で46.5kg、天王星で44.5kg、海王星で55.5kgとなる。木星だけはごめん、だろう。

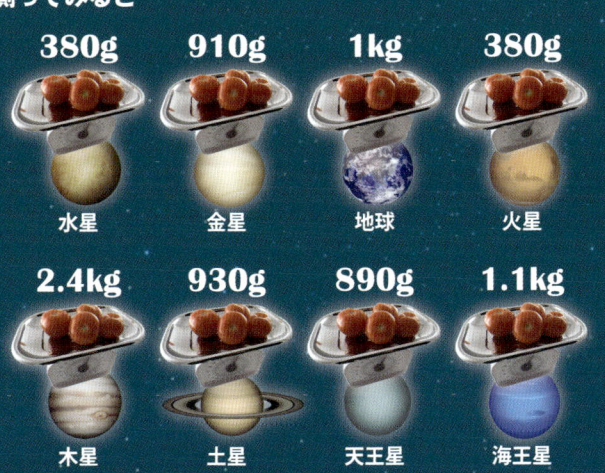

380g	910g	1kg	380g
水星	金星	地球	火星
2.4kg	930g	890g	1.1kg
木星	土星	天王星	海王星

> 惑星の密度

もしも土星を海に浮かべたら

　惑星の密度は「水金地火」の岩石惑星と「木土天海」のガス惑星に大きく分かれる（さらに天王星と海王星を「氷惑星」に分類することも）。その分類のネーミングからもわかるように岩石惑星は密度が高く、地球にある鉱石くらいの密度がある。なかでも一番高密度なのが、われらが地球で 5.52g/㎤。なぜかちょっと誇らしい。

　いっぽうガス惑星は、名前どおりすごく密度が低い。そのなかで、ダントツに低いのが土星。低密度ランキング 2 位の天王星でも 1.27g/㎤なのに、土星はその半分ほどの 0.69g/㎤しかないのだ。密度が 1 を切るということは？　密度 1g/㎤の水に浮いてしまうということだ。

　しかしガス惑星の質量自体は岩石惑星の 10 倍以上もある。ガス惑星はどれも外側が水素ガスでおおわれているのだが、それくらいの質量がないと重力が弱くなってガスをとどめておけないのだ。

月の密度は…
↓
ダイヤモンドくらい

月の密度（3.34g/㎤）はダイヤモンドの 3.51g/㎤に近い。実際にその重みを感じてみたいものだが……。

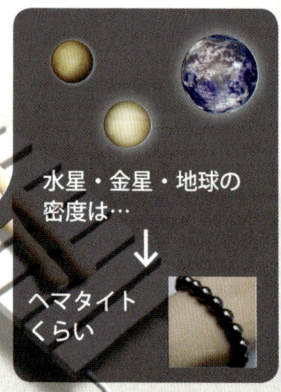

水星・金星・地球の密度は…
↓
ヘマタイトくらい

パワーストーンとして知られるヘマタイトは赤鉄鉱という鉱石鉱物。岩石型惑星はヘマタイトの密度 5.26g/㎤くらい。

土星　海水の密度は1.01〜1.05g/c㎥。塩分などが含まれている分、水よりも高い。だから水に浮く土星（密度0.69g/c㎥）を海水に入れたら、なおのことぷかぷか浮いてしまうだろう。

木星・天王星の密度は…
↓
竹刀の黒檀くらい

ガス惑星の木星（1.33g/c㎥）と氷惑星の天王星（1.27g/c㎥）の密度は、黒檀の1.1〜1.3g/c㎥に近い。

太陽（1.41g/c㎥）と氷惑星である海王星（1.64g/c㎥）の密度は、乾いた砂の1.4〜1.7g/c㎥に近い。

太陽・海王星の密度は…
↓
砂浜の砂くらい

木星の質量

木星の重さはほかの惑星何個分？

　ここまで「重さ」と「質量」といってきたが、厳密にいうとそのふたつは違う。たとえばあなたをバネばかりで測ると60kgだったとする。その計測を月で行なうと、バネばかりは10kgを示すだろう。そのように「重さ」とはすなわち天体が物体を引っ張る力のことなのだ。

　いっぽう「質量」とは天秤で測った量だといえる。先の計測を天秤で行なうと、地球でも月でも60kgの分銅で釣り合うはず。質量は厳密にいえば「慣性の大きさを示す量」。いいかえれば、ある状態にとどまろうとする量、さらにいいかえると物質そのものがもつ量といえる。

　ただし、重さと質量は同じ価値をもつ。だから重さと質量は別物なのだが、同じ単位 g で示してもよい。ここで示している木星の質量は kg で表わしているが、それは質量でもあり、木星が引っ張る力を表わしてもいる。

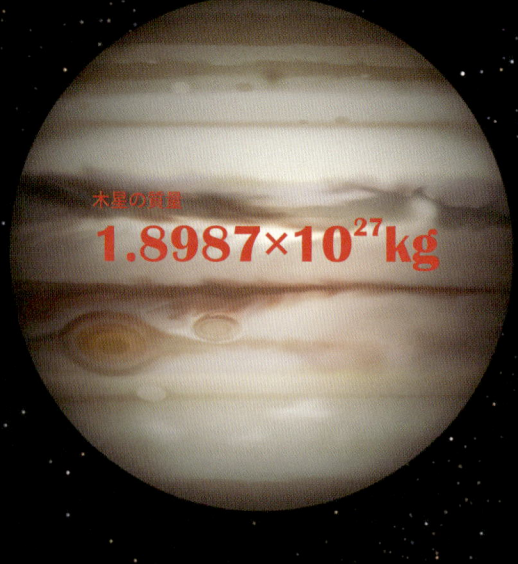

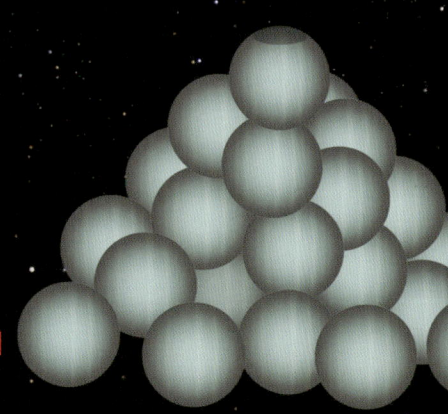

木星の質量
1.8987×10^{27} kg

＝

天王星
21.9個

水星
5750個

惑星の質量はどうやって測る？

「①惑星の衛星の軌道半径の3乗」を「②公転周期の2乗」で割ると、「③惑星の質量」に「④万有引力定数」を掛け合わせた値に比例する、という公式を利用する。つまり「①÷②＝③×④」。このうち①②④は正確な数値がわかっている。だから一次関数で③の質量がわかる、というわけ。ちなみに衛星がない水星や金星の場合は①が存在しないので、人工衛星がそばを飛ぶとき、その重力の影響で軌道がどれくらい変化したかなどで求められている。

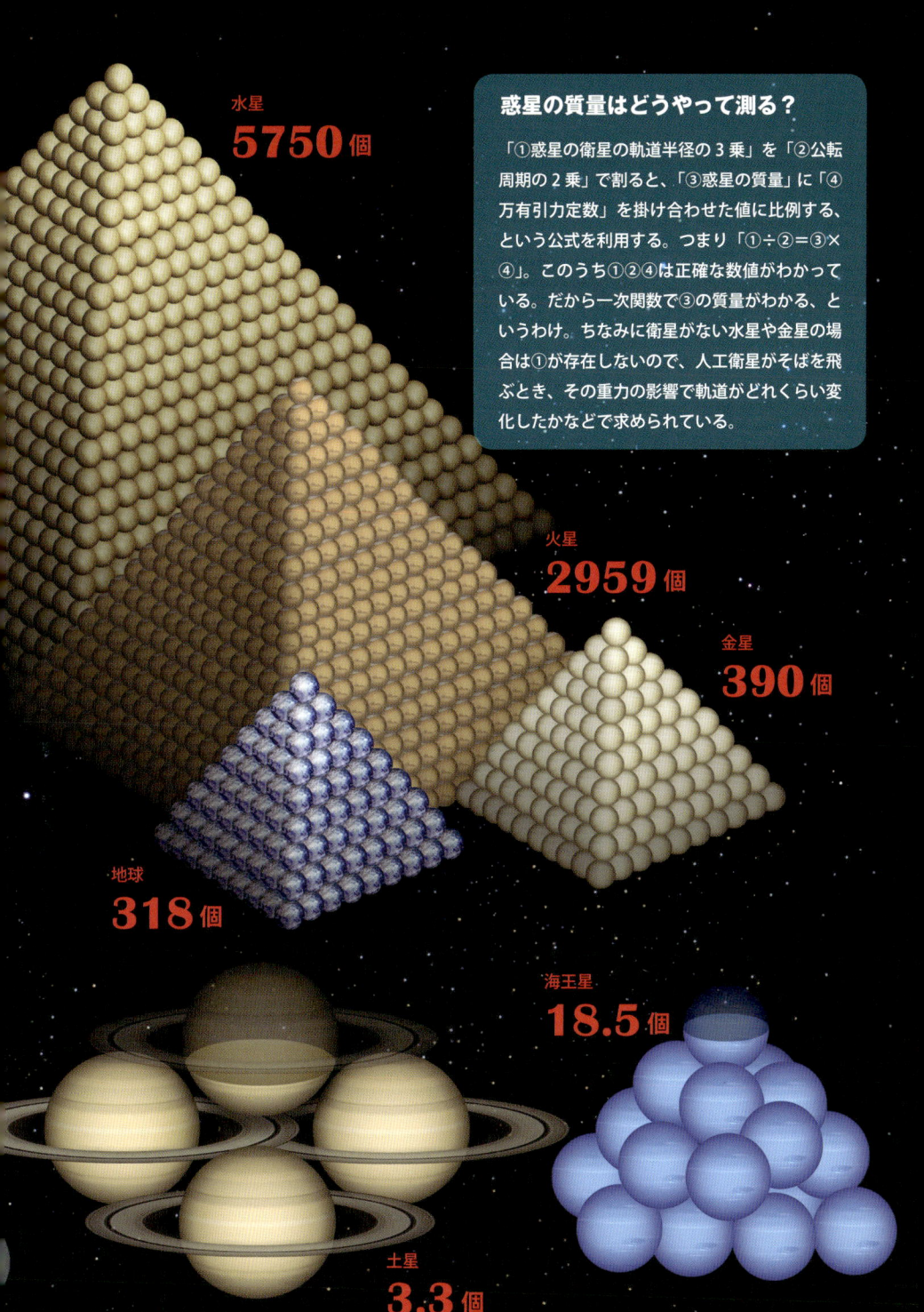

火星
2959個

金星
390個

地球
318個

海王星
18.5個

土星
3.3個

中性子星の質量

角砂糖 1 個分の
中性子星があるだけで

　13ページで、恒星はその中心で核融合反応を起こしているといった。核融合反応とは、原子の中心にある原子核が合体して新しい原子に変わることだ。その際にほんのわずかだが質量が減る。その減少した質量分だけ膨大なエネルギーが生まれる、ということをかのアインシュタインが相対性理論から導き出した。

　では核融合を生む力が何かといえば、恒星の質量だ。すなわち超強力な重力が原子同士をギュウギュウに押しつけることで、原子核同士が融合される。ある恒星が太陽より10倍以上重ければ、その最後に壮大な「超新星爆発」を起こす。そして宇宙に新しい元素をまき散らすのだが、恒星が太陽のおよそ10〜30倍だった場合は、中性子でできた中性子星となる。ちなみに30倍以上であれば、ブラックホールとなる。

　この中性子星は、直径10kmくらいの大きさに太陽くらいの質量が押し込められているという、超高密度の星だ。それに比例して重力も超強大で、もし角砂糖1個程度の大きさの中性子星があったら、その重さはなんと5億tにもなる。

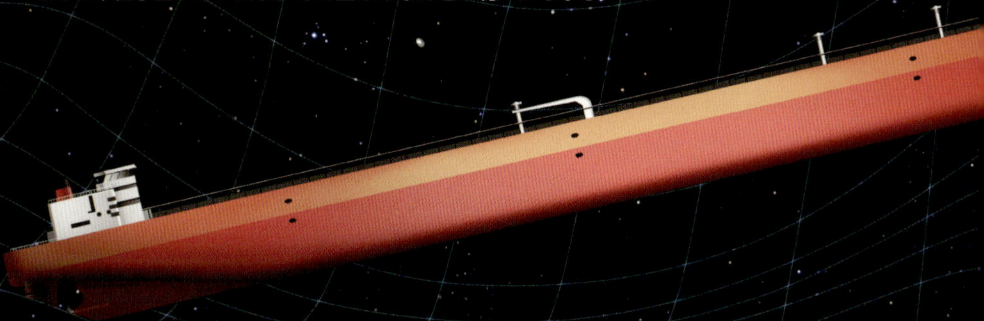

かに星雲の中性子星

おうし座にある超新星爆発の残骸。写真はＸ線で撮影されたもので、中心にある中性子星のエネルギーで光って見える。この星は自転に伴う0.033秒周期の電波を発しており、パルサーと呼ばれている。発見当初は宇宙人からの電波だと真剣に考えられた。

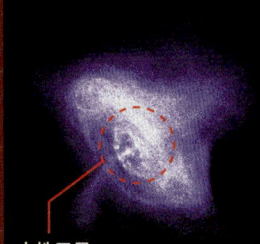

中性子星

**中性子星が角砂糖サイズなら
質量は田子倉ダムの総貯水量くらい**

田子倉ダムは、福島県南会津郡にある総貯水容量4億9400万㎥のダム。貯水容量では岐阜県の徳山ダム（総貯水容量6億6000万㎥）、新潟県の奥只見ダム（6億100万㎥）に次いで第3位。中性子星の角砂糖1個の重さは、このダムの総貯水量の重さに匹敵する。ちなみに田子倉ダムにある水力発電所の出力量は、奥只見発電所に次いで2位。1959年竣工。

角砂糖サイズの中性子星

5億t

超高密度な中性子星のまわりには、中性子星の強力な重力で引きつけられたガスが円盤をつくり、旋回している。そこではアインシュタインが一般相対性理論で予言した「時空のゆがみ」が実際に観測されている。中性子星の物質でできた角砂糖のまわりでは、時空が大きくゆがむはずだ。

ブラックホールの質量

ブラックホールの質量は？

　先のページでふれたが、恒星の質量が太陽の約30倍以上あれば、超新星爆発ののち、恒星はブラックホールになる。中性子星はその名のとおり中性子でできた星なのだが、さらに質量が大きいと星自体が重力を支えきれなくなる。そしてつぶれて収縮すれば、いっそう重力が強くなりより収縮する……という現象が永遠に続く。こうして角砂糖1個分が約200億tもある光さえも抜け出せない超巨大質量の星・ブラックホールが生まれるのだ。ちなみに琵琶湖の総貯水量は275億tくらいだ。

　この謎めいた天体は、1916年に相対性理論から導き出されたが、1960年代にはじめてはくちょう座X-1という天体が観測され、その実在が確認された。ブラックホールは光さえも抜け出せないので観測が極めて困難だが、別の天体などが飲み込まれる際に、最後の断末魔のようにX線を放出する。それを観測することで、見えないブラックホールの存在を間接的に知ることができるのだ。

20tトラックの引っ越しなら **5**億 往復分

ブラックホールが角砂糖1個分の大きさなら、その質量は

200億t

ブラックホール

右図ははくちょう座X-1付近で見つかったブラックホールのイメージ。大量のX線が放射されていたことから発見された。巨大なブラックホールでは、物質を吸い込む際周囲に円盤をつくり、上下に100万〜数百万光年もの長さになるジェットを出すものもある。

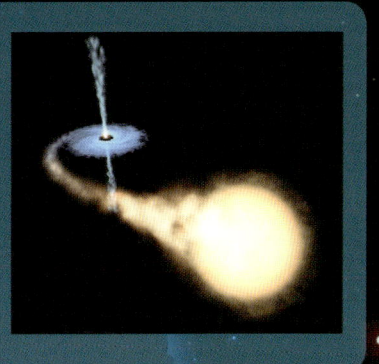

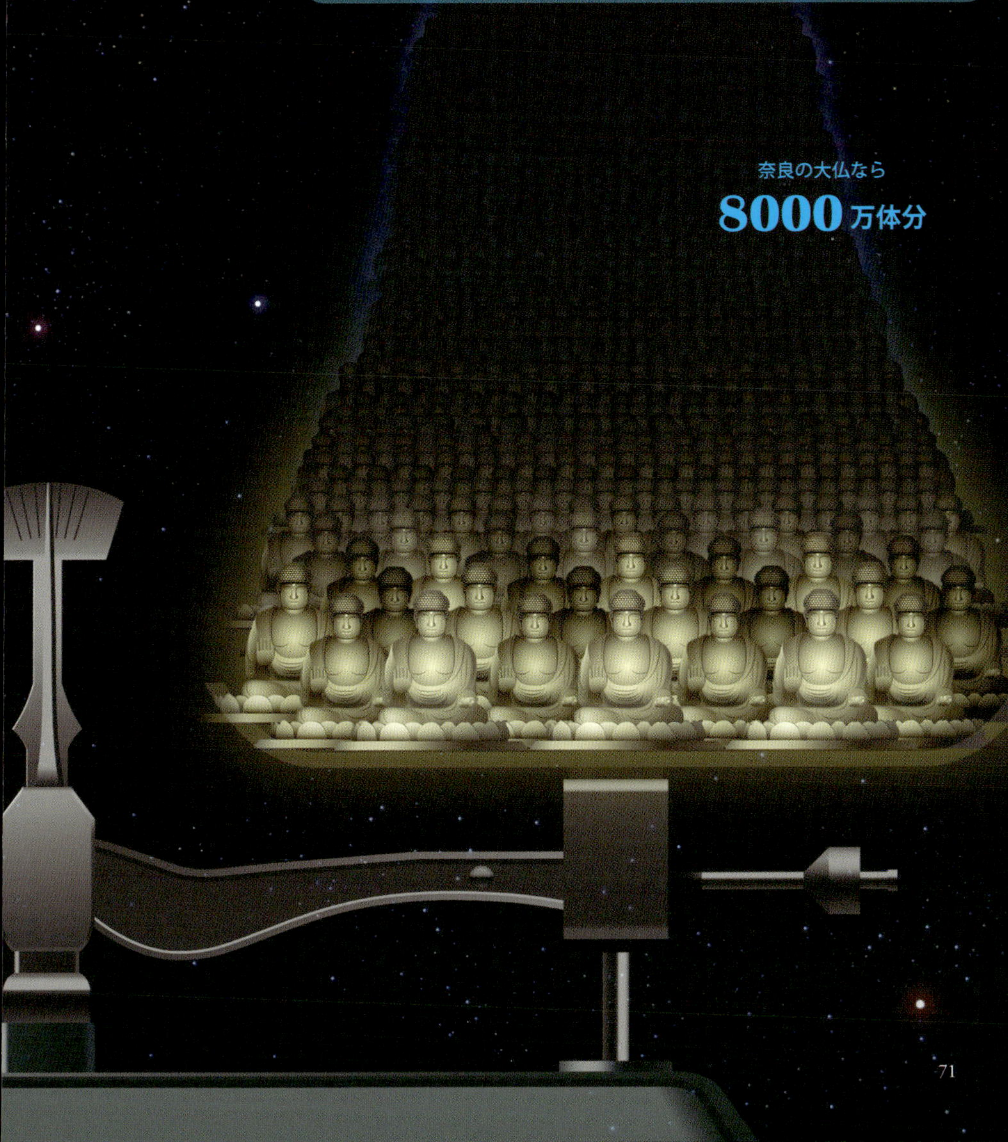

奈良の大仏なら
8000万体分

> ちりの質量

地球に落ちる宇宙のちりを
集めてみると……

　天体は重力でいろいろなものを引きつける。太陽系は約46億年前にできたが、現在ある惑星ができるまでは、惑星のもとである微惑星に多くの天体がぶつかって大きくなっていった。大きくなれば引力が強くなり、さらに多くの天体を引きつける。そうしてそれぞれの公転軌道から小天体などを一掃して現在の形になっていった。

　そんな大きなものでなくても、隕石はしょっちゅう落ちてきている。たとえば地球に1年間で落ちる隕石の数は2万個ともいわれる。ただし多くは海に落ち、また発見されないことも多い。また小さなものならば大気にふれて燃えつきてしまう。ほかにも宇宙空間には多くのちりがただよっている。その大きさは0.1〜10mm。落ちるときに大気で燃やされて光るのが、流れ星（流星）だ。細かいちりは燃えずに地表まで落ちてくるものもあるが、ほとんどは流れ星として大気中で消滅する。その量はなんと地球全体で年間4万t。1秒ならばウサギ1匹分くらい、1分で大人ひとりと子どもひとりを合わせた体重分くらい。1年間となるとシロナガスクジラ約300頭分！

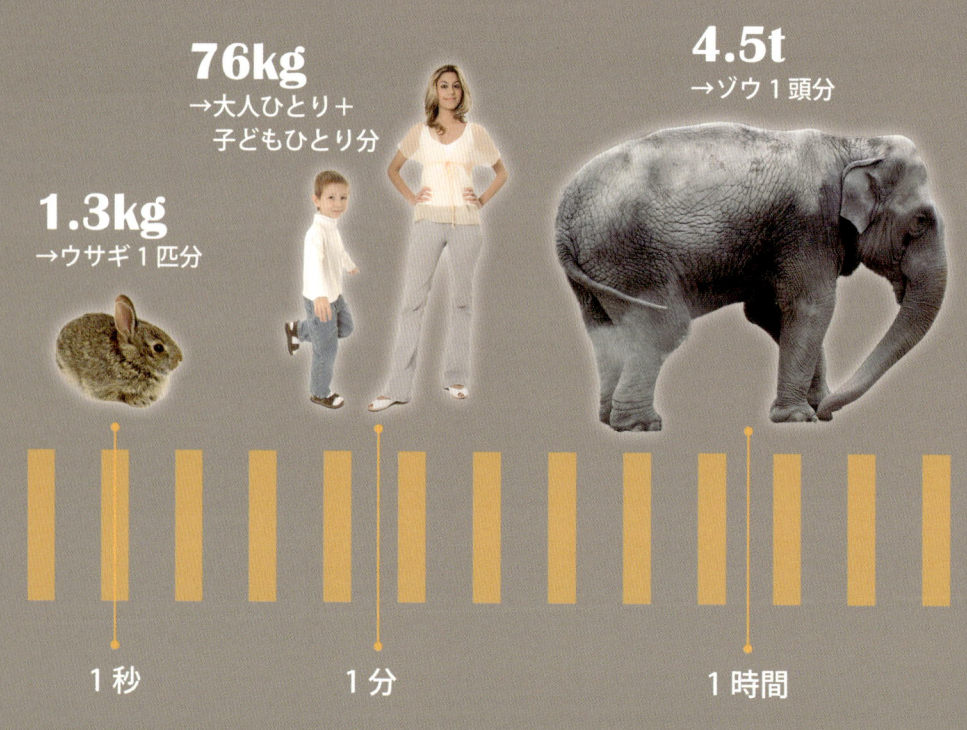

1.3kg
→ウサギ1匹分

76kg
→大人ひとり＋
子どもひとり分

4.5t
→ゾウ1頭分

1秒　　　1分　　　1時間

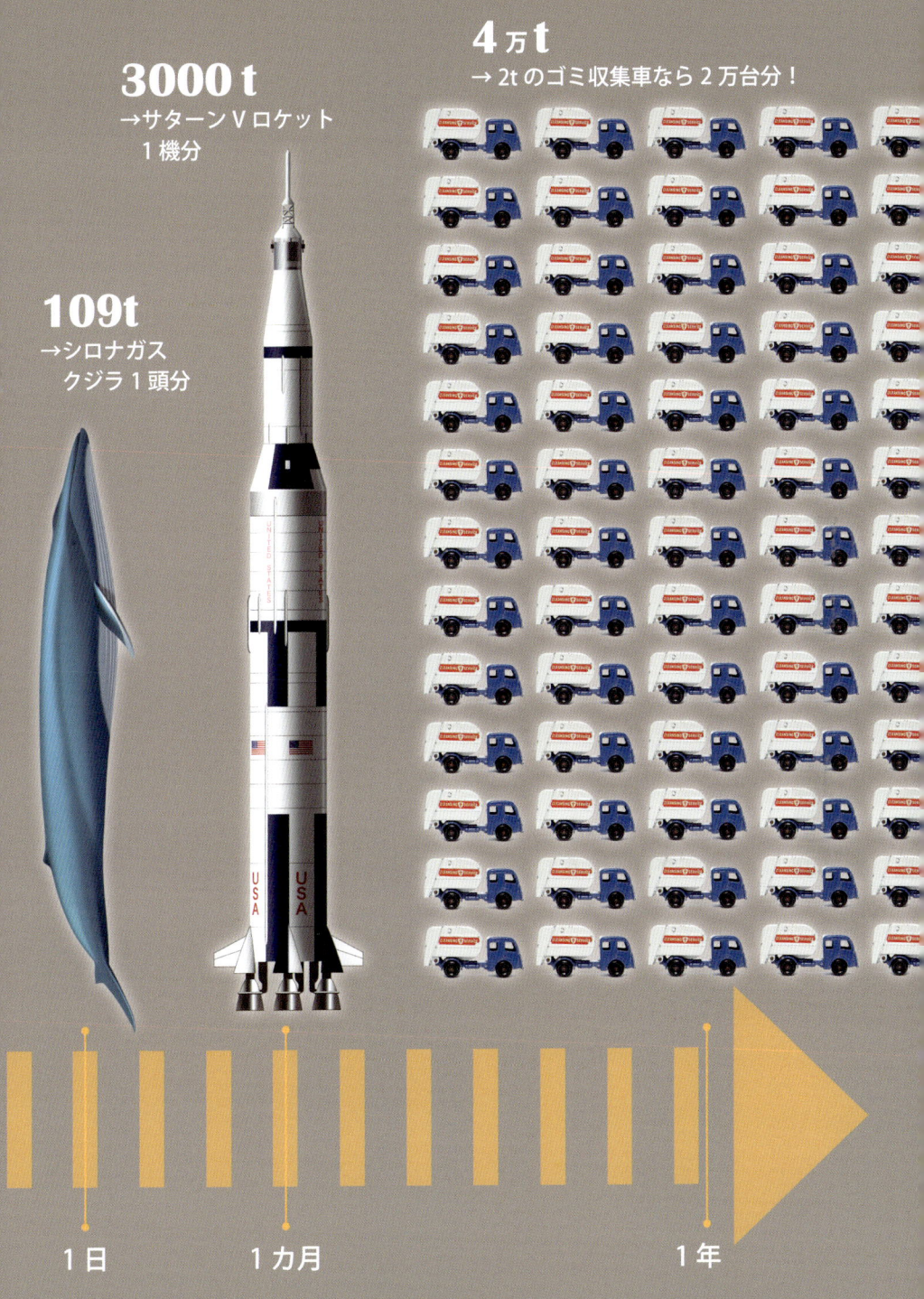

3000 t
→サターンⅤロケット1機分

109t
→シロナガスクジラ1頭分

4万t
→2tのゴミ収集車なら2万台分！

1日　　1カ月　　　　　　　　1年

系外惑星の質量

「スーパーアース」は第二の地球?

スーパーアース MOA-2007-BLG-192Lb

発見された系外惑星のなかでも質量は最少級。地球から3260光年離れ、赤色矮星または褐色矮星のまわりを公転している。主星からの距離は太陽—地球間の60％。

スーパーアース
MOA-2007-BLG-192Lb
≒ 地球 **3.3** 個分

地球

スーパーアース
GJ1214b
≒地球 **6.5** 個分

　28ページでも紹介したが、太陽系以外の恒星のまわりを回る系外惑星が重要なのは、そこに地球外生命体が見つかるかもしれないからだ。生命が存在する鍵になるのは「液体の水」と「大気」。それには天体の質量が深く関わっている。
　ホットジュピターのように太陽に近すぎるガス惑星は、熱すぎて生命が存在する可能性は低い。そこで地球のように岩石惑星でほどよい質量の星がターゲットとなる。質量が大きすぎると木星のようにガスを取り込みすぎるし、小さすぎると重力が弱くて大気をとどめておけなくなってしまう。また恒星が放出するエネルギーに応じてほどよい距離を保たないと、表面温度が高すぎるか低すぎるかのどちらかにより水が液体で存在できない。
　へびつかい座の方向約40光年にある巨大地球型惑星「スーパーアース」のGJ1214bの質量は、地球の約6.5倍。またいて座の方向約3000光年にあるMOA-2007-BLG-192Lbの質量は地球のたった3.3倍。恒星との距離は地球―太陽間の60%ほどで太陽系でいえば金星よりも少しだけ太陽寄りだが、恒星の質量が太陽の6%というからそれほど平均温度が高くならないことが予想され、液体の水が存在するかもしれないと期待されている。

惑星の"人口密度"

もしも人類がほかの惑星に移住をしたら……

　2010年時点で地球の総人口は約67億人（WHO統計）。西暦1年ごろが約3億人、1650年が約5億人、1800年で約9億人だったというから、この200年でいかに爆発的に増えているかがよくわかる。このままいけばあっという間に100億人を突破するだろう。
　そこで未開の土地、取り急ぎ太陽系のほかの惑星に全員で移住することになったとする。そのとき、人口問題は解決するのだろうか。地球の人口密度を、海も含めた全面積で計算すると1km四方あたり13.1人となる。意外に広大な土地があまっているようにも思える。地球より小さな惑星だと密度も高まるわけだが、水星の90.1人というのはいまの岩手県くらい、金星の14.6人はアルゼンチンくらい、火星の46人はちょうどフィジーくらいだ。地球より大きな木星、土星、天王星、海王星になると1km四方あたりひとりもおらず、孤独死しそうなほどの過疎地だ。ついでに2010年の話題をさらった小惑星のイトカワに移住したとすると、1m四方に1万7000人。4段重ねにしても1段4000人以上の計算だ。

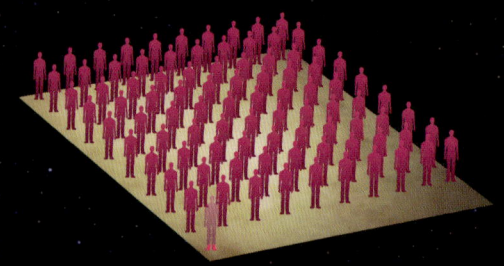

水星　90.1人

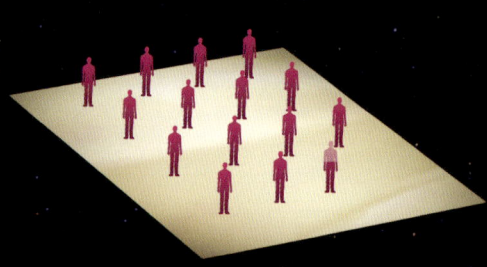

金星　14.6人

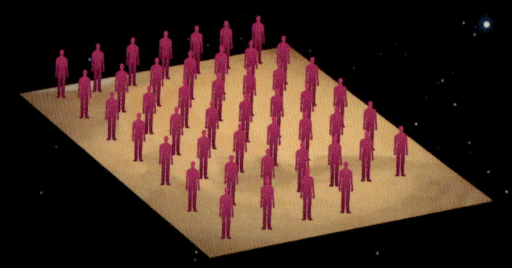

火星　46人

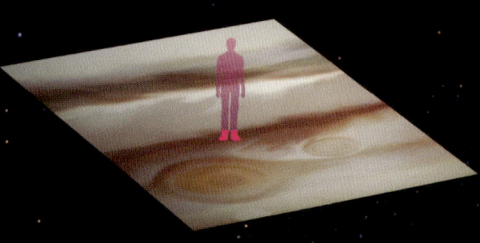

木星　0.1人

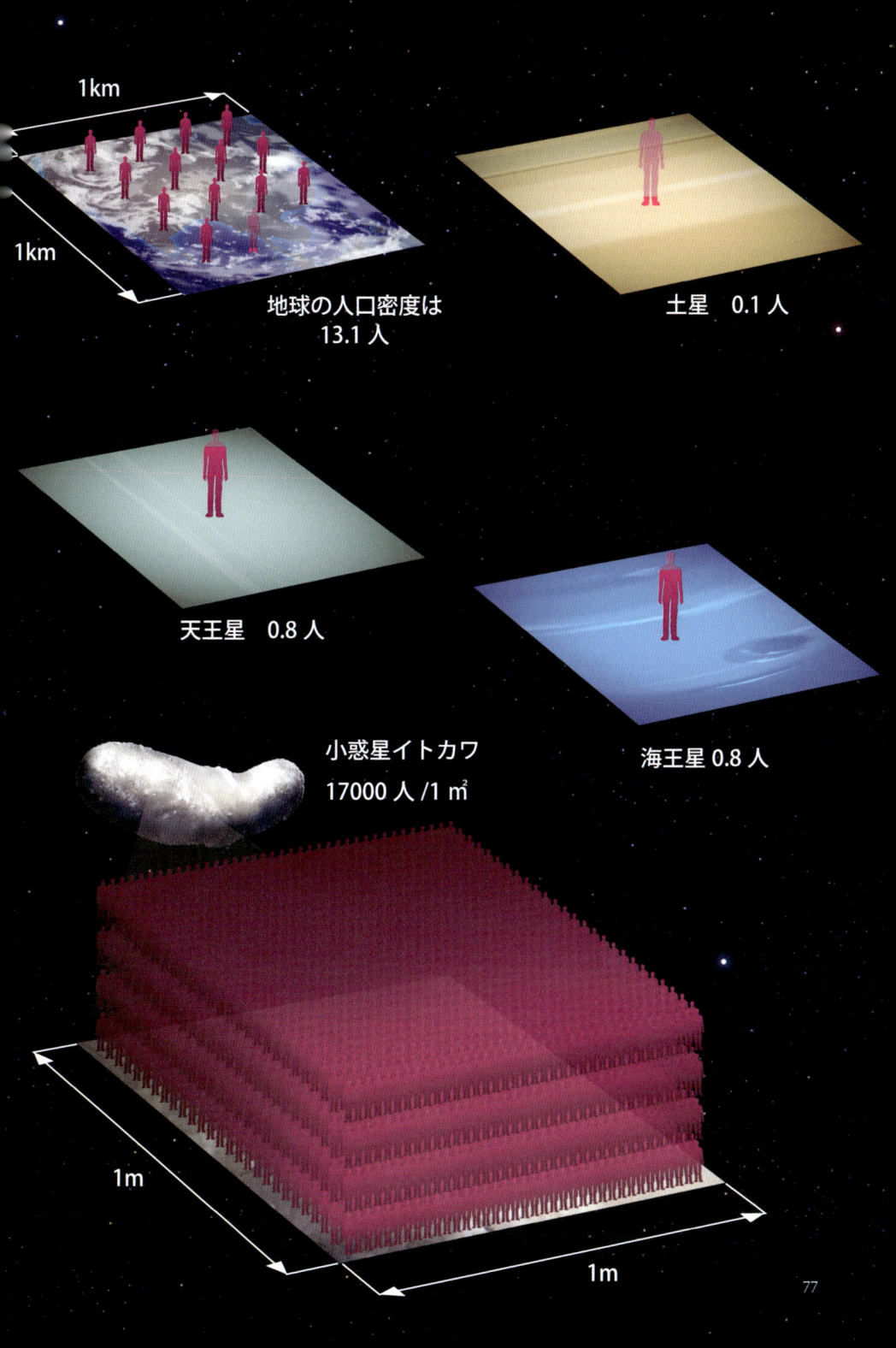

1km
1km

地球の人口密度は
13.1 人

土星　0.1 人

天王星　0.8 人

海王星 0.8 人

小惑星イトカワ
17000 人/1 ㎡

1m
1m

Column

意外と知らない単位の話 ③

宇宙をはかる長さの単位

　太陽系くらいの規模の長さを表わすときによく使われる単位が「天文単位(AU)」だ。これは地球と太陽の平均距離にあたる1億4960万kmを1AUとするもの。1AUの値は、地球から月や金星に向けて電波を発射し、反射して戻るまでの時間から距離を求める「レーザー観測」という方法によって導き出している。

　太陽系外の天体までの距離を示す場合は、「光年」という単位がよく使われる。これは、真空中を秒速約30万kmで進む光が、1年で進む距離にあたる9兆4607億kmを1光年とするもの。また、専門家がよく使う「パーセク(pc)」という単位もある。年周視差(地球の公転運動により、近くの天体の位置が遠くの天体に対して変化して見える現象)が1秒角となる距離を1pcとしたもので、約30兆8000億km。光年で表わすと1pcは3.26光年となる。

Chapter 04
高さ・深さ
height&depth

民間の宇宙旅行がスタートし、
「宇宙エレベーター」も近い将来実現……
と宇宙は身近になっているようだけど、
その「宇宙」って高さでいうとどのあたり？
数字だけ聞いても見えてこない
本当の高さ、深さをチェック！

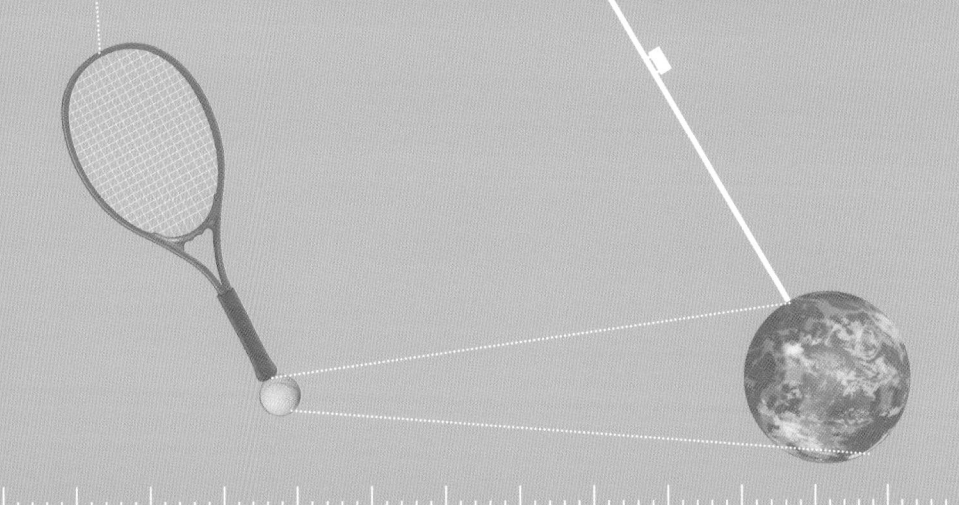

> 太陽系の「山」

太陽系一の高地はどこ？

　夏目漱石が日本で唯一誇れるものといった富士山。日本最高峰の標高3776mだが、世界最高峰はご存じエベレストで、標高8848mだ。ちなみにエベレストの名前は、19世紀半ばのインド測量局長官サー・ジョージ・エベレスト大佐の功績を記念してつけられた。チベット語では「チョモランマ」、ネパール語では「サガルマータ」という。

　太陽系にはさらに高い山があり、火星のオリンポス山はなんとエベレストのおよそ2.5倍にもなる標高2万1287m、ほかに金星最高峰のマックスウェル山も1万1000mだ。

　ところでさらっと標高といったが、これは海抜と同じ意味で、平均海水面からの高さを表わす。でも金星や火星には海はないはずでは？　と思った方は鋭い。火星や金星にはアメリカやヨーロッパが探査機を送り込み、詳細な地形と重力の分布のデータを採取している。そこから重力の等しくなる面（赤道半径に等しい）を基準として、標高を測っているのだ。

金星のマックスウェル山
11,000m
金星の最高峰。北極地域にあるイシュタル大陸にある。火山活動でできたといわれる。

金星のマート山
8,000m
金星の標高第2位の山。赤道地帯にある金星最大の大陸・アフロディーテ大陸の東端に位置する。

火星のオリンポス山
21,287m
太陽系で最も高い山。富士山の約5倍半くらいある。横幅も巨大で、盾を伏せたような形をしている。

6
FUJI

(m)
20000

火星のアスクレウス山
18,219m
オリンポス山の南東にある火山。パボニス山とアルシア山と南西方向に連なってタルシス山地を形成している。

5
FUJI

4
FUJI

3
FUJI

10000

エベレスト
8,848m

2
FUJI

富士山
3,776m

3000

火星

地球

太陽系の「谷」

太陽系一の「深い」場所はどこ？

山の高さでは火星と金星に完敗してしまった地球。では目先を変えて、深さでくらべるとどうなのだろう。

残念ながら、世界で一番深い谷のデータは見当たらない。バルカン半島のモンテネグロにあるタラ渓谷がヨーロッパ最深で1900ｍ、アメリカのキングス・キャニオンが2500ｍともいわれるが、火星にはさらに深い峡谷があり、こちらのほうがはるかに深いことだけは確かだ。そのマリネリス峡谷は深さ8kmともいわれているのだから。

しかしあきらめるのはまだ早い。地球には海がある。上でふれた峡谷はあくまで地上のもの。そして標高は平均海水面から測るのだから、深さなら海水面から海溝の深さを測ってもいいはず。地球最深の海溝は太平洋にあるマリアナ海溝の１万920ｍ。これはマリネリス峡谷より深い。間違いなく地球の勝利。
ちなみに火星の地形がとても起伏にとんでいるのは、重力が小さい（地球の約38％）ためとされている。

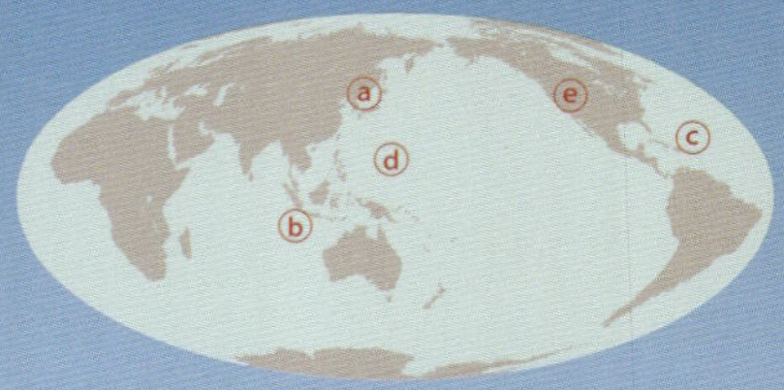

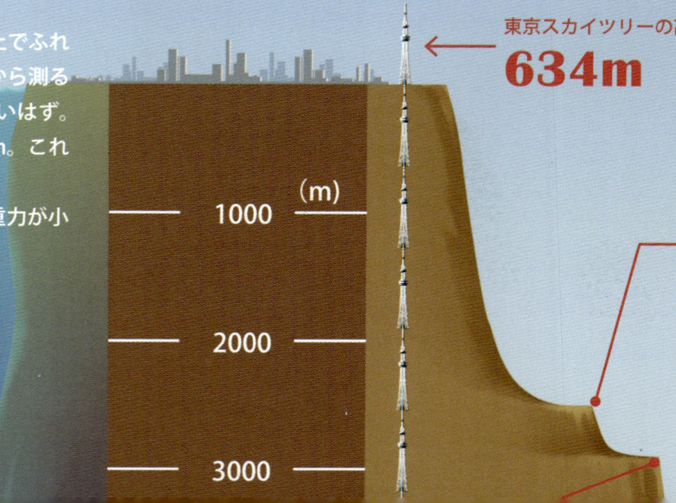

← 東京スカイツリーの高さ
634m

ⓔキングス・キャニオンの最大深度
2499m
カリフォルニア州中南部を流れるキングス川の支流がつくり出した峡谷。米国で最も深いとされる。

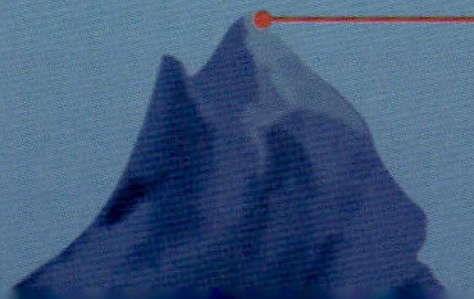

(m)
1000
2000
3000

エベレストの標高
8848m

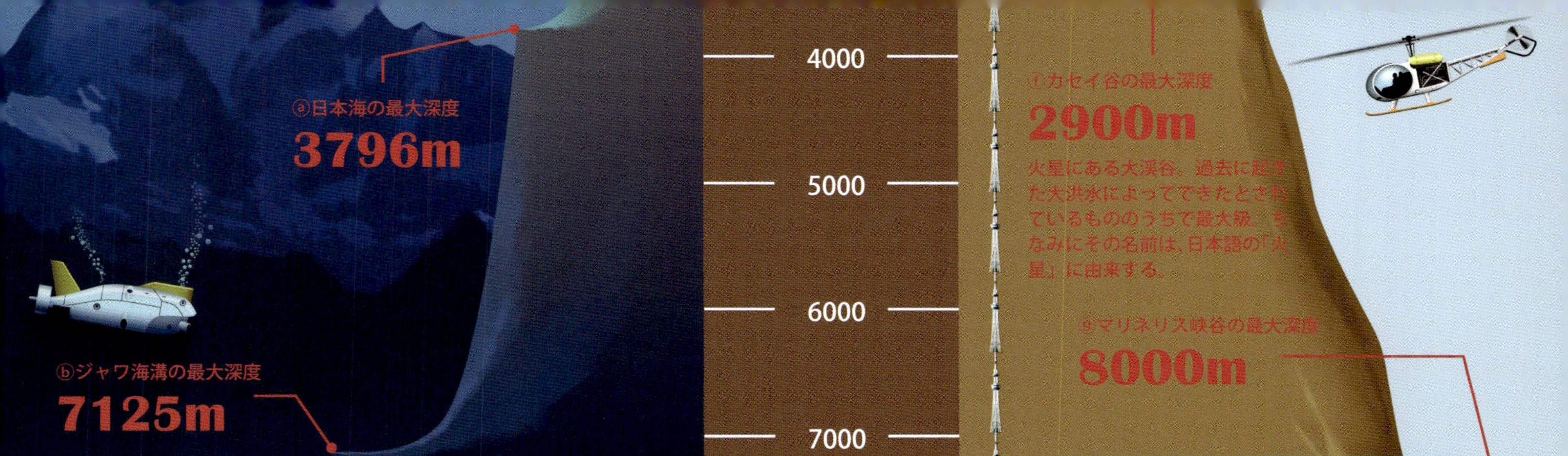

ⓐカセイ谷の最大深度
2900m

火星にある大深谷。過去に起きた大洪水によってできたとされているもののうちで最大級。ちなみにその名前は、日本語の「火星」に由来する。

ⓕマリネリス峡谷の最大深度
8000m

マリネリス峡谷

深さ8km、長さ4800km、最大幅200kmという巨大な谷。黒い線は中国国境を表わしている。その巨大さがよくわかる。

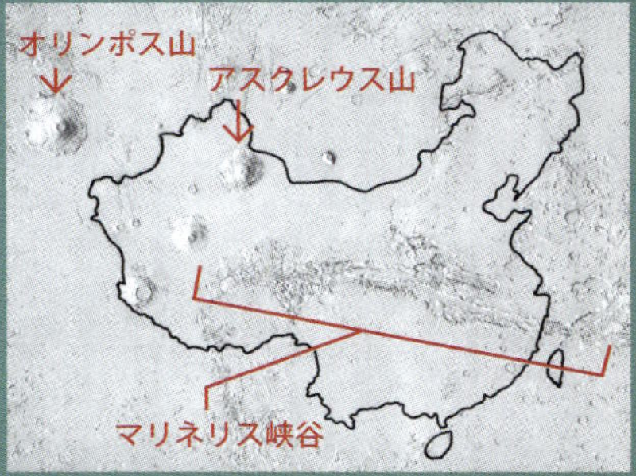

→アスクレウス山
→マリネリス峡谷
→オリンポス山

| 4000 | 5000 | 6000 | 7000 | 8000 | 9000 | 10000 | 11000 |

ⓐ日本海の最大深度
3796m

ⓑジャワ海溝の最大深度
7125m

ⓒプエルトリコ海溝の最大深度
8606m

ⓓマリアナ海溝の最大深度
10920m

> 太陽の大気

太陽の「炎」はどこまで上がる？

名作ゲーム『沙羅曼蛇〈サラマンダ〉』をご存じだろうか？　横スクロール型のシューティングゲームで、プレイヤーは宇宙船をあやつり、宇宙空間や謎の天体で敵をやっつけていくのだが、そのなかに「プロミネンス」というものが出てくる。太陽の表面っぽい炎の地面から、火柱が龍のように弧を描いてグワンと出現し、地面に落ちていく。その様子はYouTubeの動画でも見られる。

そのプロミネンス、現実に太陽に存在している。「紅炎」とも呼ばれるのだが、実際には炎ではない。太陽の表面に近い大気が、磁力線の突出によって、宇宙空間に持ち上げられ、アーチ状になったものだ。また右の写真のように光って見えるわけではなく、可視光以外の電磁波で撮影しないと目には見えない。

その大きさもハンパない。大きなものでは上空数十万kmまで持ち上げられるほどで、地球の数十倍もの巨大さになる。ゲームでのプロミネンスは、グワンと出現し一瞬で消えるのだが（プレイヤーはそれに当たると死ぬ）、太陽で観測される本当のものは、数カ月間持続するものもある。

15

120cm

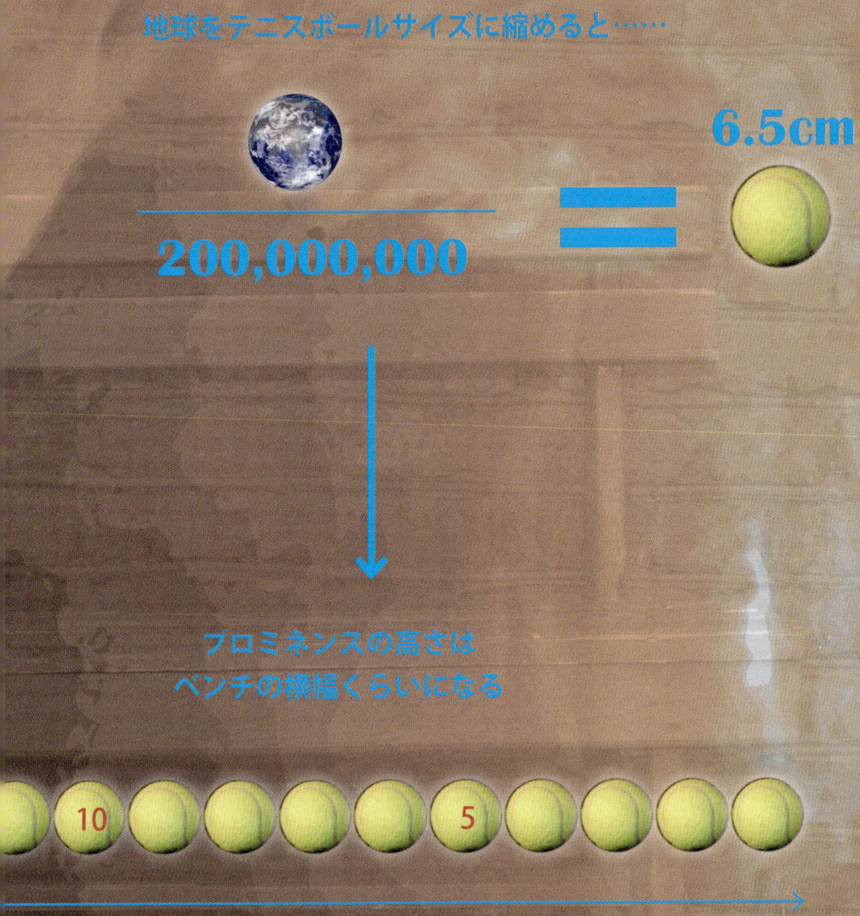

地球をテニスボールサイズに縮めると……

200,000,000 = 6.5cm

プロミネンスの高さは
ベンチの横幅くらいになる

太陽は燃えている？

辞書によると、「燃える」とは「物質が酸素などと化学反応を起こして、光と熱を発すること」とある。要は誰もが知っているように、炎を上げていることをイメージすればいい。これを踏まえて考えると、じつは太陽は辞書的な意味では燃えていない。太陽は水素の核融合反応で光り輝いている。20世紀初頭に核融合反応が発見されるまで、太陽のエネルギー源は謎だった。

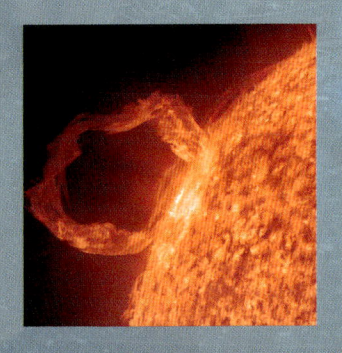

ISS
(国際宇宙ステーション)

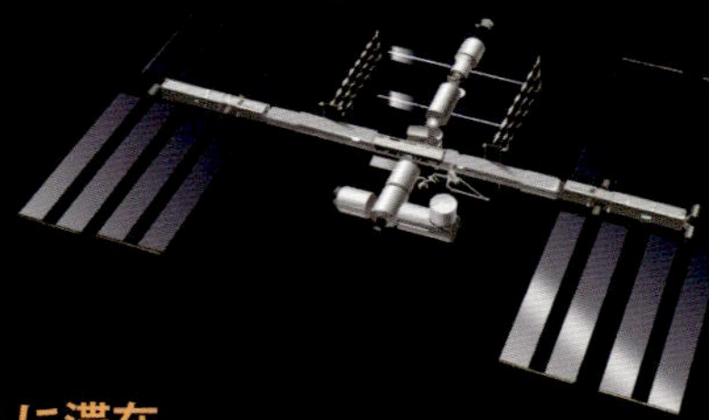

ISSに滞在
400km

ロシアのソユーズロケットに乗り込み、打ち上げから9分以内でISSに到着。約2日かけてISSにドッキングして、約8日間滞在する。出発前にのべ6～8カ月の訓練が必須。

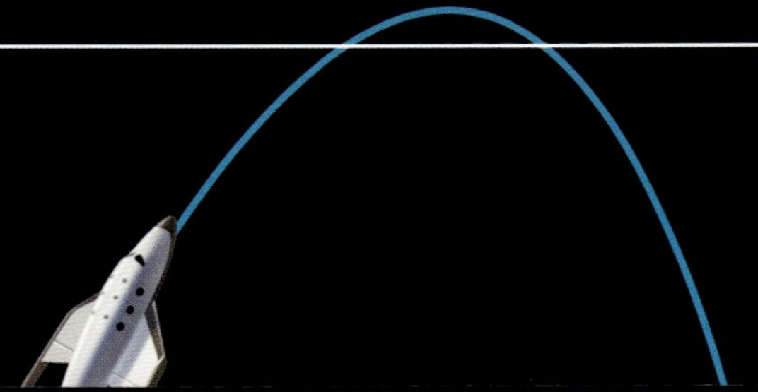

カルマンライン

宇宙旅行の高度

宇宙旅行での「高さ」とは？

2011年現在、一般人向けの宇宙旅行はすでに実現している。国際航空連盟は上空100kmを「カルマンライン」と呼び、それ以上を宇宙としている。5分間だけそのカルマンラインを超えた100km以上の空間に滞在し、無重力状態を体験できるプランが開発されているのだ。「サブオービタル飛行」というこのプランは、アメリカのヴァージン・アトランティック社などが開発しており、早ければ2011年には募集を開始するという。

もっと本格的に宇宙に行ってみたいというのなら、上空約400kmにある国際宇宙ステーションに滞在することも可能だ。ロシア政府が民間人に向けて滞在権を販売しており、2001年、アメリカの実業家デニス・チトー氏を初めとして8人の民間人が滞在した。チトー氏の場合、費用は24億円だったともいわれる。

それ以外にも、「宇宙旅行」ではないが、上空10kmほどで無重力状態を体験する「パラボリックフライト」というプランもある。これならば、すでに日本の旅行代理店でも販売している。

外 圏	500
	400
熱 圏	300
	200
	100
	80

軌道旅行
100km

「サブオービタル飛行」で、高度100kmへ急上昇。約5分間の無重力状態を体験。出発前に約3日間の集中訓練がある。費用は20万ドル（約1600万円）になる予定。

ジェット機

富士山

無重力体験
7.5 - 10.5km

「パラボリックフライト」で高度約10kmまで上昇。最高点まで上ってくると「フリーフォール」状態で無重力状態に。すでに実現されており、費用は約5000ドル（約40万円）。

オゾン層

エベレスト

高度 (km)				
	50	30	11	
中間圏	成層圏		対流圏	

宇宙エレベーターの「高さ」

「宇宙エレベーター」でどこまで行ける？

　宇宙エレベーターとは文字どおり、宇宙にまで伸びたエレベーターで、これが完成すれば、エレベーターに乗る感覚でISS（国際宇宙ステーション）まで行くことができる。SFだけの話だろ、と思ったら大間違い。多くの科学者は真剣に実現をめざしている。

　そのエレベーターを設置するには、宇宙に伸びる1本のケーブルが必要になる。それをつたってクルーザー（エレベーター本体）が上下するためだ。まずはそのケーブルを3万6000kmの静止軌道までロケットで打ち上げる。そこから地表に向けてケーブルを垂らしていくと同時に、カウンターバランスとなるおもりを反対方向に伸ばしていく。10万km離れたおもりが地球を周回する遠心力で、ケーブルをピンと張るのだ。そしてケーブルを少しずつ太くしていけば、あとはクルーザーを設置するのみだ。

　これが実現すれば、間違いなく人類がつくる史上最高の建造物になる。なんせ2011年現在の世界一の高層ビルはドバイのブルジュ・ハリファで約828m。まだ1000mにも達していないのだから。

大気圏
大気圏の厚さはおよそ500km。ただし普通の人間が酸素ボンベなしで生活できる限界が5000m程度、生物が生命活動をする限界は高度10km程度だ。

マントル
岩石の層で、表層部と中心部の間で対流している。厚さは2900km。地球体積の83%、質量の68%を占める。

地殻
地球の表層。岩石の層だが、マントルとは成分が異なる。マントルの対流によって地殻も動く。厚さは5〜50km。地球全体の大きさからすると、卵の殻くらいしかない。

核
半径は約3500km。地球の中心から約1250kmのところで内核と外核に分かれる。鉄が主成分で、外核では液体、内核では固体になっているとされる。

静止軌道ステーション

「ジオステーション」とも呼ばれる中継基地。高度3万6000kmのこの地点は、地球の引力と自転による遠心力がつり合うところなので、理論上はいくらでも大きくできる。

50,000 - 100,000km

36,000km

おも

子ども用テニスラケット（長さ約57cm）

直径6.5cmのテニスボール

軌道エレベーターの高さイメージ

地球

エレベーターの到達距離は地球直径の8倍以上

地球直径は1万2756km。それをテニスボールの直径6.5cmに縮めたとき、おもりまでの距離約10万kmは、子ども用テニスラケットの長さ、約57cmくらい。静止軌道ステーションはフェイス部分（ボールを当てるところ）のすぐ下くらいだ。

Column

意外と知らない単位の話 ④

音波や電波をはかる単位

　音波や電波など、空気を伝わる振動（周波数）を表わす単位は、国際単位系（SI）で定められた「ヘルツ（Hz）」が使われている。1Hzは1秒に1回の振動数を表わす。ちなみに一般的に、人間の耳に聞こえる音は20Hz（1秒間に20回の振動）から20kHz（1秒間に2000回の振動）の範囲だ。

　また、300〜3000kHzのAMラジオ波や、30〜300MHzのFMラジオ波やテレビの電波（電磁波の一種）などもヘルツで表わされている。そして300万MHz以下の周波数の電磁波のことは、「電波」と呼ぶ定義がある。電磁波は周波数が高くなる（1秒間の振動数が増える）ほど、波長は短くなり、直進する力が大きくなるのだ。

Chapter 05
温度・エネルギー
temperature&energy

「太陽はあと50億年は輝きつづける」なんて話は
聞いたことがあるかもしれない。
では、現在の太陽が1分間に生み出す
エネルギーはどれくらい？
はたまた地球と同じように太陽のエネルギーを
受け取っているほかの惑星の気温は何度？
宇宙のエネルギー事情を見てみよう。

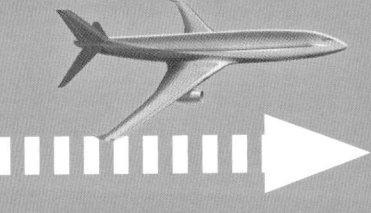

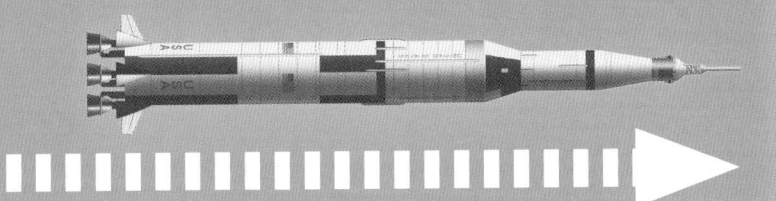

暑っ！

寒っ！

約**700**℃

ISS
（国際宇宙ステーション）

カルマンライン

スペースシャトル

急激な温度上昇

オーロラ

約**-100**℃

ISS付近には大気がほとんどないので、物質の表面温度は太陽光があたるところで150℃、日陰で-120℃と温度差が極端に大きくなる。

宇宙の温度

宇宙空間は暑い？ 寒い？

地球の大気圏は4つに区分されている。11km程度までの「対流圏」では上空に行くほど温度が下がる。その上の「成層圏」では温度変化は微妙で、少しずつ温度が上昇する。高度50kmより上の「中間圏」では上空ほど温度が下がり、一番上では-100℃程度になる。上空80km以上が「熱圏」で、100〜200kmの間で約700℃まで急激に温度が上がる。ただし、熱圏で温度が上昇するのは大気中の分子がイオン化し、希薄な粒子同士の運動が高まるからで、そこにいて熱を感じるわけではない。

国際航空連盟は上空100kmをカルマンラインと呼び、それ以上を宇宙としている。宇宙空間といっても、その温度には-100℃から700℃までの激しい変化があるということになる。

なお、地球を遠く離れた一般的な宇宙空間の温度は-270℃。つまり、絶対温度3Kという極寒の世界だ。

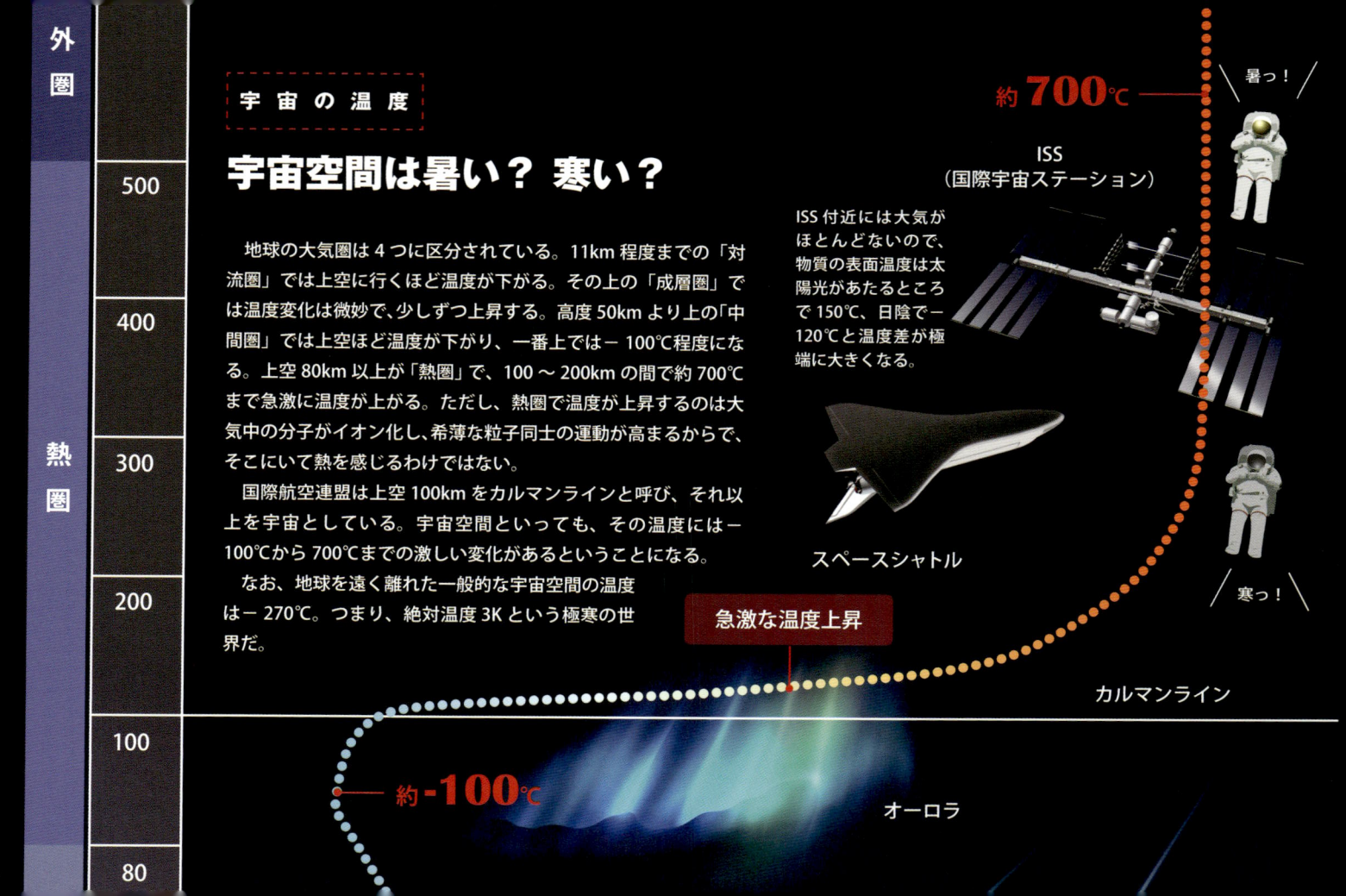

外圏				熱圏		
	500	400	300	200	100	80

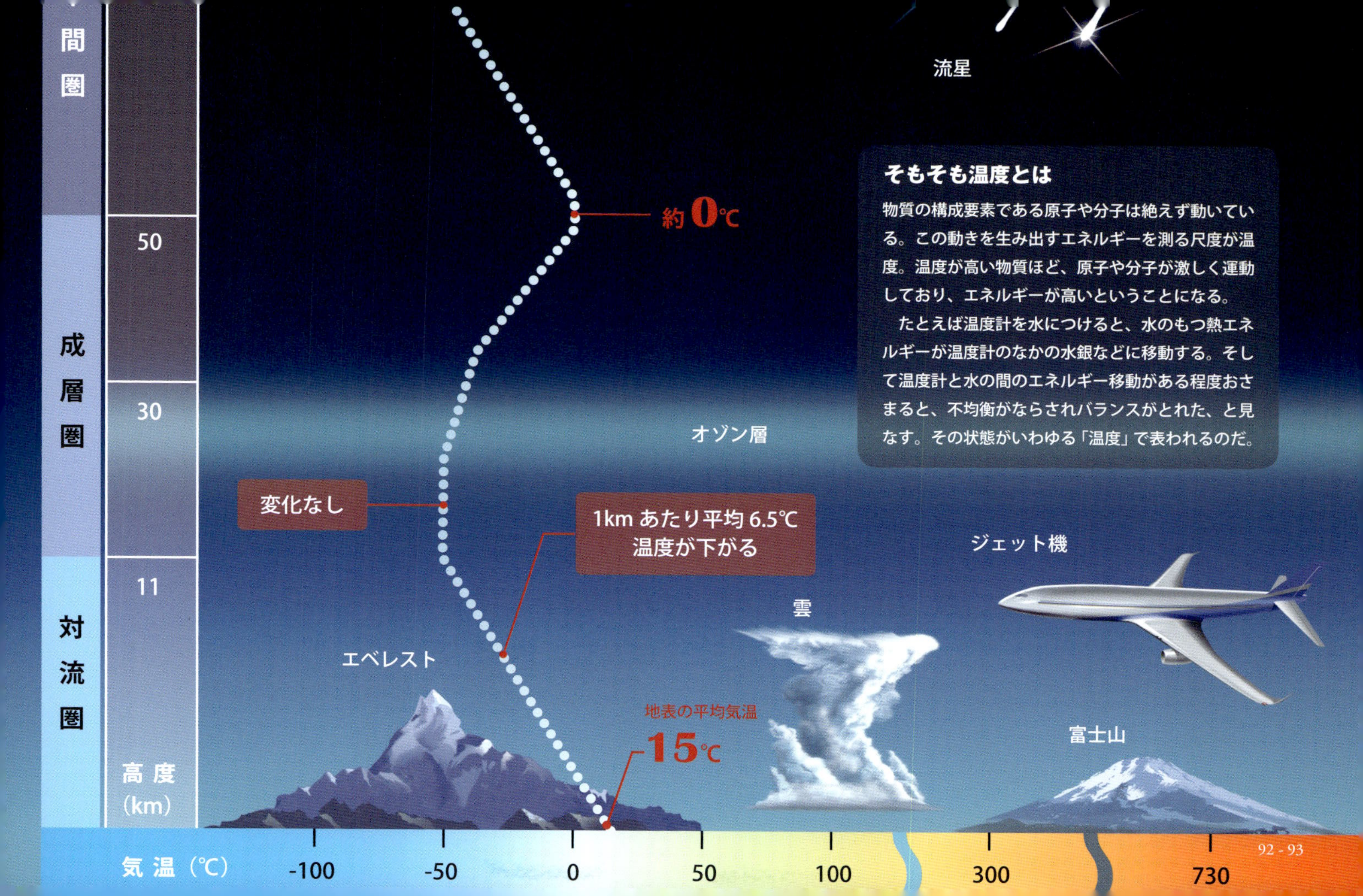

そもそも温度とは

物質の構成要素である原子や分子は絶えず動いている。この動きを生み出すエネルギーを測る尺度が温度。温度が高い物質ほど、原子や分子が激しく運動しており、エネルギーが高いということになる。たとえば温度計を水に付けると、水のもつ熱エネルギーが温度計のなかの水銀などに移動する。そして温度計と水の間のエネルギー移動がある程度おさまると、不均衡がならされバランスがとれた、と見なす。その状態がいわゆる「温度」で表されるのだ。

流星

ジェット機

富士山

雲

オゾン層

エベレスト

約 **0**℃

1km あたり平均 6.5℃
温度が下がる

変化なし

地表の平均気温
15℃

高度(km)	
	間 圏
50	
	成 層 圏
30	
11	
	対 流 圏

気温 (℃): -100, -50, 0, 50, 100, 300, 730

92-93

太陽

太陽のエネルギー

太陽が1秒間に生み出す エネルギーはどれくらい？

地球―太陽間を
ジェット機で
6億往復分

　太陽は中心で水素の核融合反応を起こし、膨大なエネルギーを宇宙に放出している。その量は1秒間に3.8×10^{26}W（ワット）という膨大な値だ。日本の年間エネルギー消費量に換算すると、自動車用ガソリンで3億3000万年分くらいとなる。またそのエネルギー量の燃料を積んだジェット機で地球のまわりを飛び続けるとすると、地球を4兆5000億周、太陽と地球の間を6億往復できるくらいすごい量なのだ。

　しかしそのすべてが地球の表面に届くわけではない。太陽から見れば、地球は全天のほんの1点にすぎない。また太陽はそのエネルギーを48ページで紹介した電磁波で放出しているのだが、紫外線や赤外線などは地球をおおう大気に吸収されたり、雲などで反射され、地球の大気圏外に届いたエネルギーの約半分はカットされてしまう。したがって地球の大気圏外では1m²あたり1秒間に1.37kWのエネルギーを受け取るのだが、地表ではその半分の1m²あたり700Wくらいになる計算だ。

地球―月間をジェット機で
2400億往復分

月

地球のまわりをジェット機で
4兆5000億周分

日本のエネルギー消費に換算すると……

自動車用ガソリン
3億3000万年分

ジェット機用燃料
14億1500万年分

国内で消費されるすべての燃料油
8900万年分

地球―海王星間を
ジェット機で
2000万往復分

海王星

天体の明るさ

星の輝きは地上でどう見える？

　星の明るさは「等級」で表わす。数字が小さいほど明るく、1等級で明るさが約2.5倍変わる。その計算でいうと1等級は6等級の100倍明るいことになる。さて、全天で一番明るいのはもちろん太陽で－26.75等。次が満月の－12.7等、そこから金星（最大）の－4.7等に続く太陽系の惑星が並ぶ。以降は恒星でシリウスの－1.46等、ケンタウルス座α星の－0.3等などと続く。

　上のように数字で表現しても、その明るさはいまひとつピンとこない。そこで地上で見るろうそくの明かりに置き換えてみよう。明るさは距離の二乗に反比例する。一般的に、ろうそく1本を1mの距離から見たときの照度が1lx（ルクス、ルクスは明るさの単位）とされているから、ろうそくを2m離れたところから見ると、0.25（＝4分の1）lxになる。同様の計算から、ろうそくを各等級の明るさごとにおおよそ対応する距離に置いた。星ぼしのかすかな輝きは、かなり視力のいい人でも見えるか見えないかくらいの、小さな明かりだというのがわかる。ただし、星はろうそくと違って点光源なので、実際にはろうそくよりも明るく感じるだろう。

火星　160m

木星　170m

月　1.8m

金星　70m

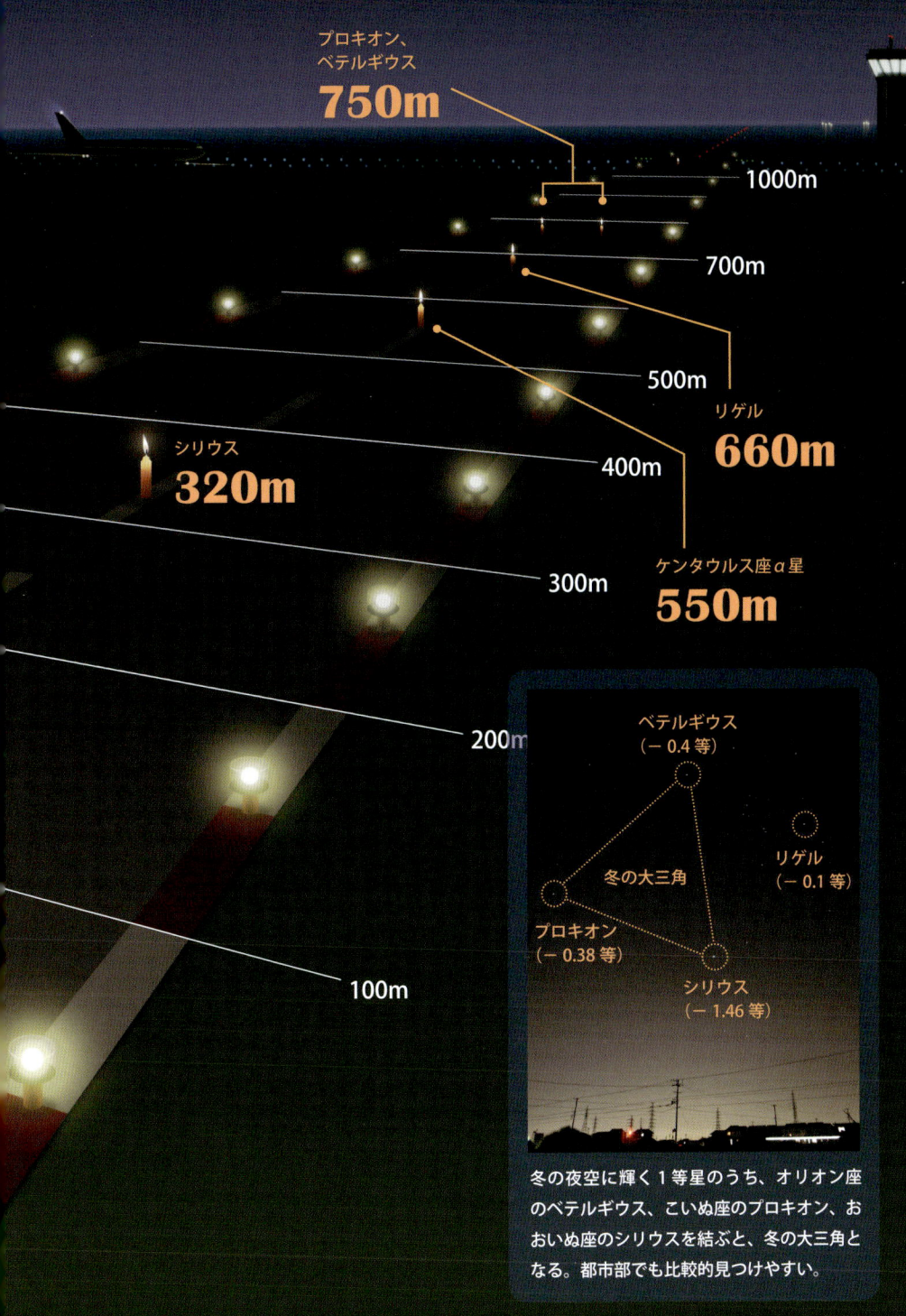

プロキオン、
ベテルギウス
750m

1000m

700m

リゲル
660m

500m

シリウス
320m

400m

ケンタウルス座α星
550m

300m

200m

100m

ベテルギウス
(－0.4等)

冬の大三角

リゲル
(－0.1等)

プロキオン
(－0.38等)

シリウス
(－1.46等)

冬の夜空に輝く1等星のうち、オリオン座のベテルギウス、こいぬ座のプロキオン、おおいぬ座のシリウスを結ぶと、冬の大三角となる。都市部でも比較的見つけやすい。

恒星の絶対等級

星の本当の明るさとは

　前項で星の明るさは「等級」で表わすと説明したけれど、これは「星の本当の明るさ」ではない。太陽やケンタウルス座α星がそんなに明るいのは、要するに地球に近いからだ。これは天文用語でいうところの「見かけの等級」だ。

　明るさは距離の2乗に反比例するので、同じ明るさでも遠くなれば暗くなる。というわけですべての天体を同じ距離（32.6光年）にあるとして求める明るさが「絶対等級」だ。これが星の本当の明るさ。太陽も絶対等級ならば4.82等で、都会なら見えないくらいの明るさになる。ここでは見た目の等級の高い星が、絶対等級、つまり地球から32.6光年の位置に置いたときに太陽を何個集めたくらいの明るさに相当するのかをそれぞれくらべてみた。

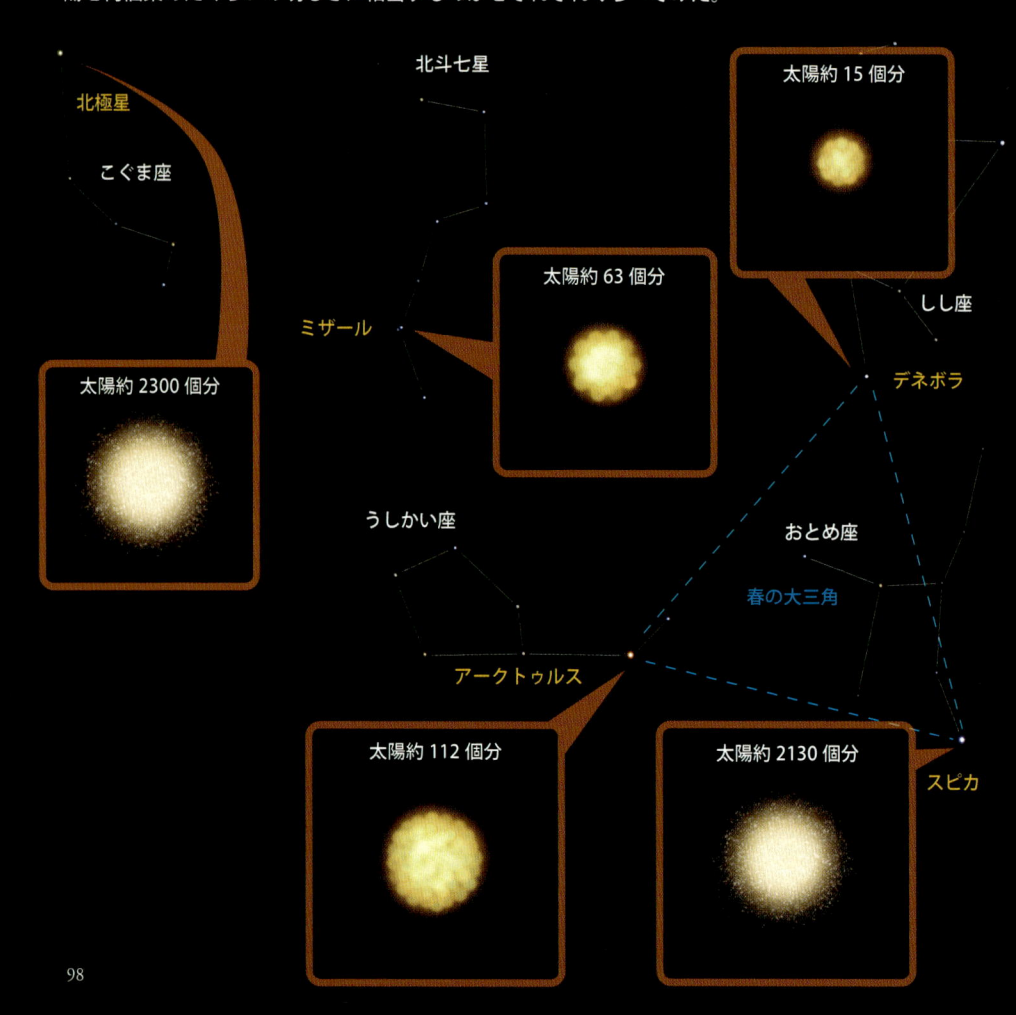

北極星
こぐま座
太陽約2300個分

北斗七星
ミザール
太陽約63個分

太陽約15個分
しし座
デネボラ

うしかい座
おとめ座
春の大三角
アークトゥルス
太陽約112個分
太陽約2130個分
スピカ

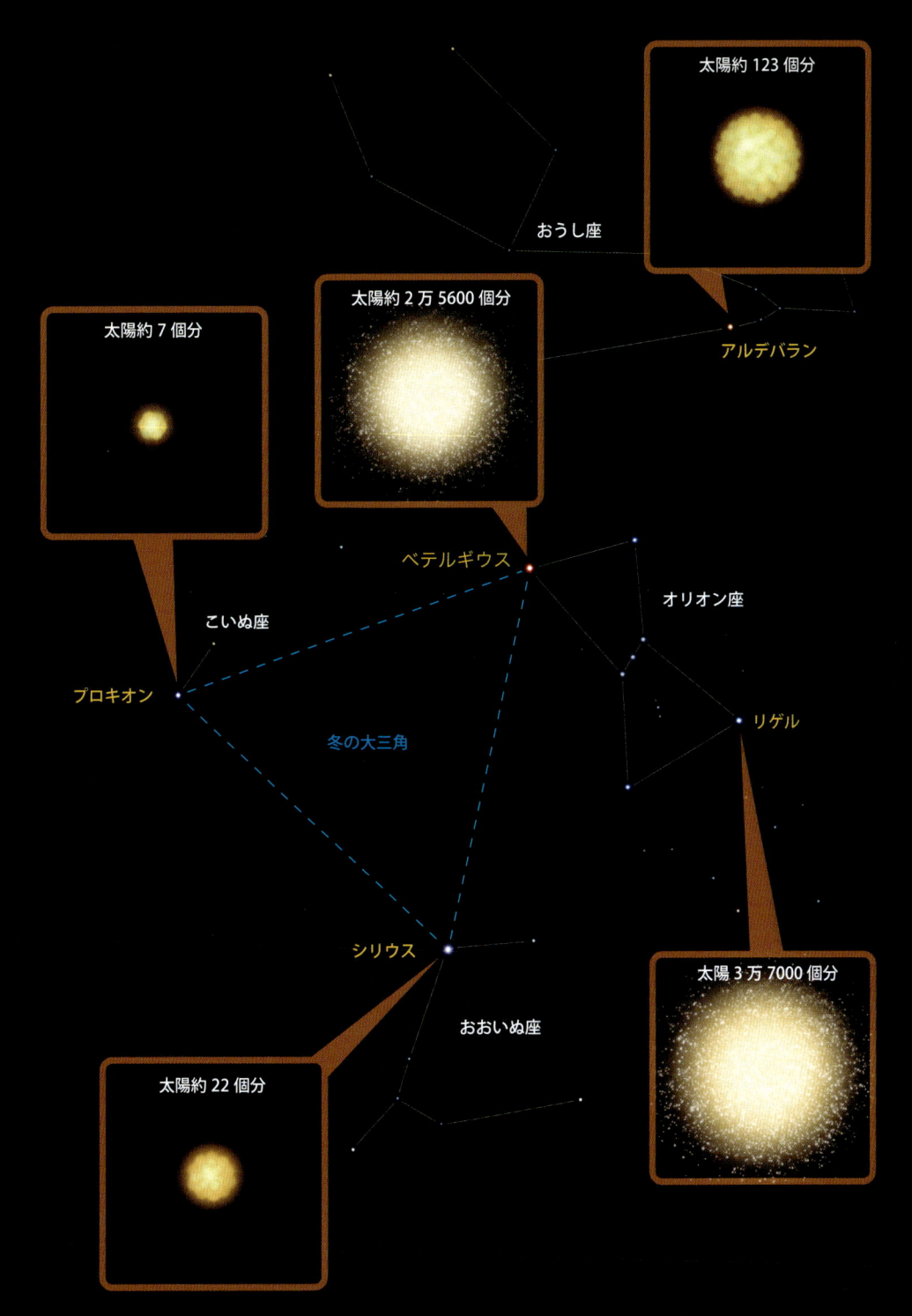

太陽約 123 個分

おうし座

アルデバラン

太陽約 7 個分

太陽約 2 万 5600 個分

ベテルギウス

オリオン座

こいぬ座

プロキオン

リゲル

冬の大三角

シリウス

おおいぬ座

太陽 3 万 7000 個分

太陽約 22 個分

惑星の温度

惑星の温度はどれくらい？

　生命の存在には「液体の水」が決定的に重要だ。そこで惑星の気温が気になるわけだが、それを決める要素は恒星からの距離と大気がポイントになる。

　太陽系惑星を見てみると、太陽からの距離に比例して温度が下がっていくことは予想できる。水星は温度差がとても激しい惑星だが、その原因は太陽に近いことに加えて、大気がほとんどないことにある。大気がなければ温度が広がらず、保持もできなくなる。同じく大気がほとんどない月では、昼の温度が130℃、夜が－170℃と激しく変動する。地球は適度な大気量で温度変化がマイルドになり、液体の水を保持できているのだ。

　金星が水星より温度が高いのは、大気質量が地球の約100倍もあり、しかもその96％が二酸化炭素だからだ。

　太陽からの距離が地球より大きい惑星は極寒の環境だ。しかし生物は寒い環境でも生存する可能性は十分ある。実際、平均気温が約－55℃の南極でも生物は発見されている。

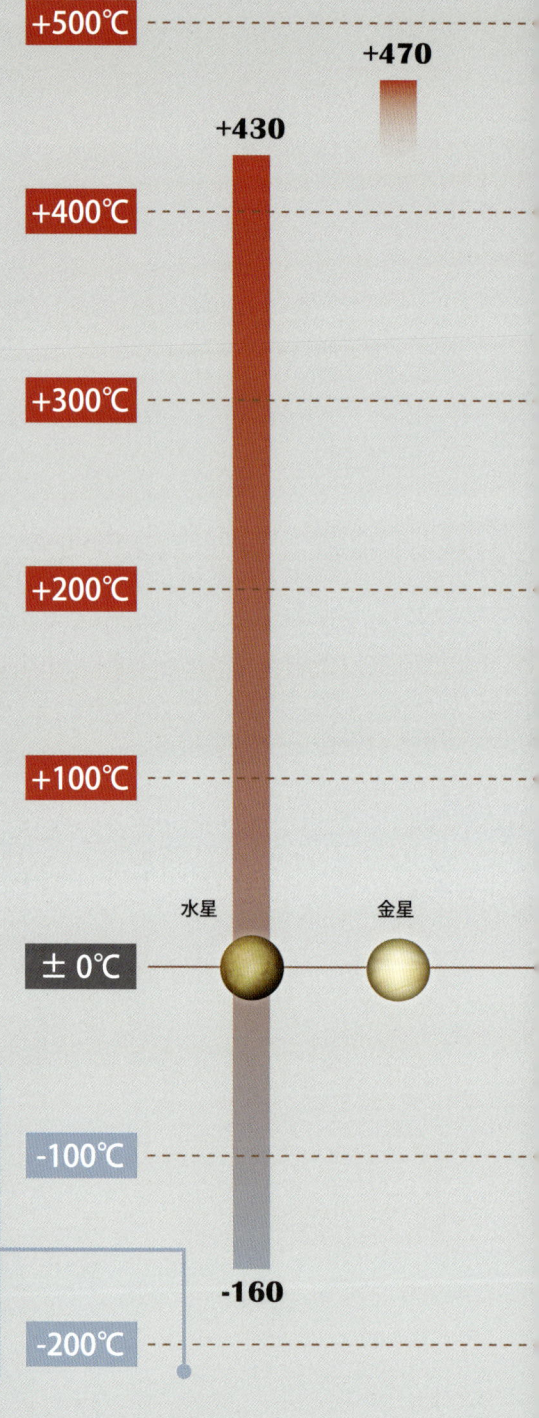

液体酸素の融点
-218.4℃

地球では気体の状態で存在している酸素。酸素の沸点は－182.96℃、融点は－218.4℃ときわめて低い。酸素分子は成層圏では紫外線によりオゾンになる。

+500℃
+470
+430
+400℃
+300℃
+200℃
+100℃
± 0℃　水星　金星
-100℃
-160
-200℃

地球の最高気温
+58.8°C

地球の史上最高気温はイラクのバスラで1921年に記録された58.8℃。

ろうそくの炎は
+500°C

炎は色によって温度が異なる。初期の赤色だと500℃、鮮明な赤ピンクで1000℃、白色で1300℃、まばゆい白色で1500℃以上になる。

地球の最低気温
-89.2°C

南極の内陸高原の年間平均気温は、－55.3℃。史上最低気温は1983年に南極のボストーク基地で記録された－89.2℃。

水の沸点は
+100°C

1気圧では、沸点が100℃、融点が0℃。海水だと融点－1.9℃、沸点が103.7℃になる。富士山山頂では気圧が下がり沸点は約88℃。

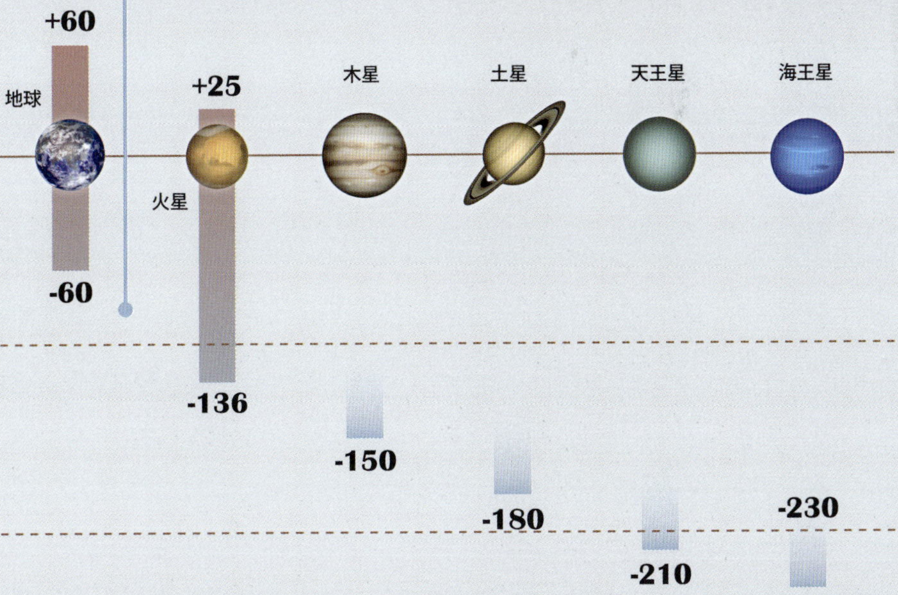

地球	火星	木星	土星	天王星	海王星
+60	+25				
-60	-136	-150	-180	-210	-230

隕石の破壊力

隕石のエネルギーが
地球に残した傷跡は？

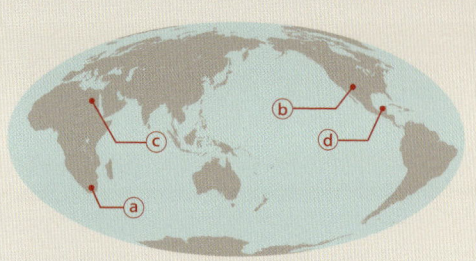

　地球上には、過去に小天体がぶつかって壊滅的な破壊をもたらされた傷跡があまたある。最も有名なのは、メキシコ・ユカタン半島にあるチクシュルーブ・クレーターだ。6500万年前に直径10〜15kmほどの隕石がぶつかり、恐竜を絶滅させたほか、生物の70％以上を絶滅させたという。その威力は広島型原爆の10億倍以上だったと推定されている。

　落ちた隕石と破壊力の関係を推定するのは難しい。地表にぶつかる速度や角度が変われば破壊力も大きく変動することに加えて、現在あるクレーターをつくった隕石の破片がどこにも残っていないからだ。クレーターをつくるような隕石が地表にぶつかれば、壮大な爆発とともに隕石は粉々に砕かれ、衝突の際に発生する熱で溶けて気体になってしまって残らないのだ。

　ちなみに隕石は「落ちる」というより、地球に「ぶつかる」というほうがふさわしい。地球の公転速度は秒速約30km。隕石のもととなる小天体は地球周辺を秒速30〜40kmくらいで飛び交っている。もしこの速度の小天体が地球の重力圏に入っても、地球の脱出速度（秒速11.18km）よりも速いため、地球にぶつからないかぎり重力を振り切ってふたたび地球の重力圏から飛び出してしまう。

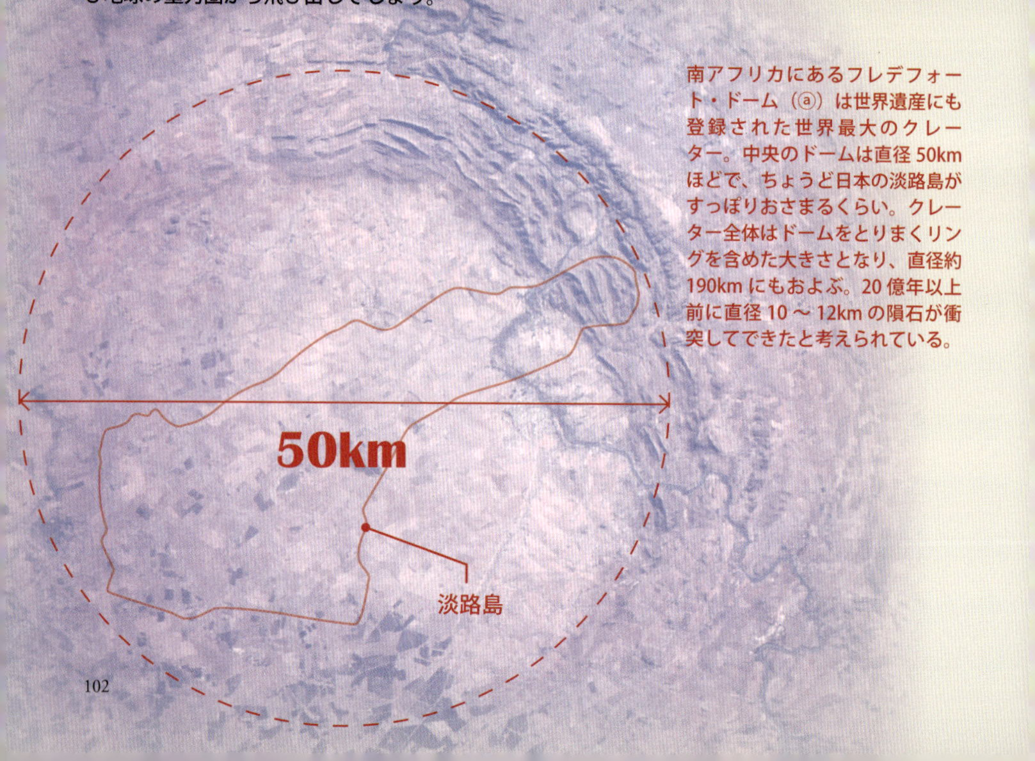

南アフリカにあるフレデフォート・ドーム（ⓐ）は世界遺産にも登録された世界最大のクレーター。中央のドームは直径50kmほどで、ちょうど日本の淡路島がすっぽりおさまるくらい。クレーター全体はドームをとりまくリングを含めた大きさとなり、直径約190kmにもおよぶ。20億年以上前に直径10〜12kmの隕石が衝突してできたと考えられている。

50km

淡路島

皇居

1.2-1.5km

ケビラ・クレーター（ⓒ）は、サハラ砂漠で発見された二重のリングをもつクレーター。リビアとエジプトにまたがるクレーターで、直径は31km。ちょうど東京23区がおさまるくらい。

31km

アメリカ・アリゾナ州にあるバリンジャー・クレーター（ⓑ）は、約5万年前に衝突した隕石がつくったとされる直径1.2～1.5km、深さ170mのクレーター。その規模は皇居くらいと大きくはないが、衝突した隕石の直径はわずか20～30mだったと考えられている。

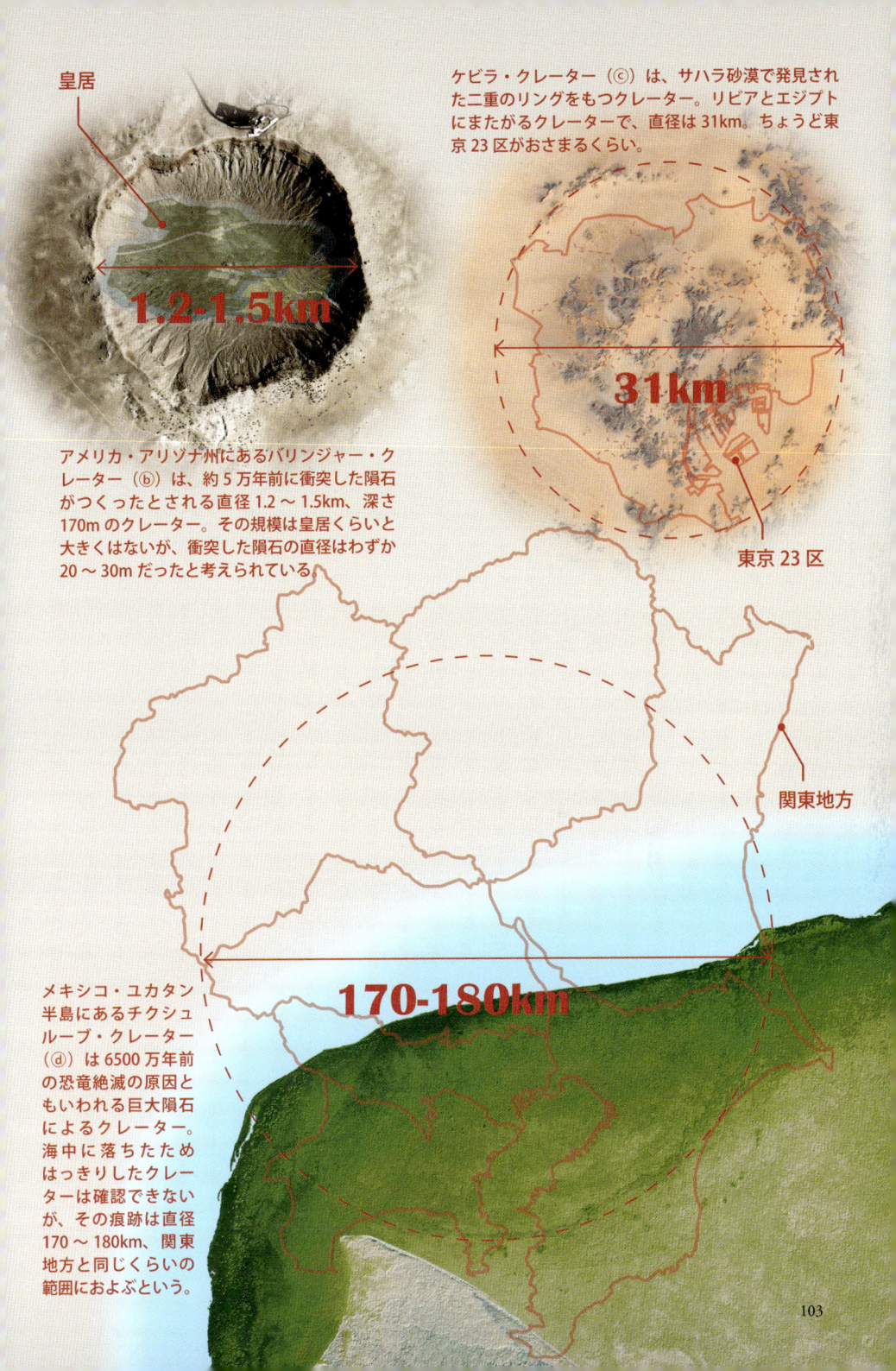

東京23区

関東地方

170-180km

メキシコ・ユカタン半島にあるチクシュループ・クレーター（ⓓ）は6500万年前の恐竜絶滅の原因ともいわれる巨大隕石によるクレーター。海中に落ちたためはっきりしたクレーターは確認できないが、その痕跡は直径170～180km、関東地方と同じくらいの範囲におよぶという。

103

惑星の磁力

太陽系天体の「磁力」くらべ

　地球は北極にS極、南極にN極をもつ大きな磁石だ。だから地表では方位磁針のN極が北、S極が南をさす。では、ほかの天体にも磁場はあるのだろうか。

　私たちの身近にある磁石といえば、貼付用の磁気治療器だろう。その一般的な磁力の強さを、ここでは仮に「ピップ」と呼ぼう。その1ピップの磁力を得るのに、太陽系天体がいくついるのかを表わしたのがこのページのイラストだ。

　磁気の強さを表わすには「nT（ナノテスラ）」という単位を使うが、水星は310nTでとても弱い。1ピップを得るには水星の1m³を切り取った「水星磁石」が32万個も必要になる。太陽は50万nTで磁力が強いが、1ピップを得るのに1m³の「太陽磁石」が200個も必要になる。つまりこのページの図では、磁石の数が少ないほど、天体の磁力が強いということになる。こうして見ると、天体の磁力はガスが主成分の太陽や木星などが強く、水星などの岩石惑星はとても弱い。しかし地球だけが例外的に磁力が強いのだ。

1ピップの磁力は 100mT（ミリテスラ） = 10^8 nT

各天体の磁力をピップの数で表わすと……

太陽
200 個分
太陽の磁力は約50万nT。約10^8nTを得るために必要な「太陽磁石」は約200個。

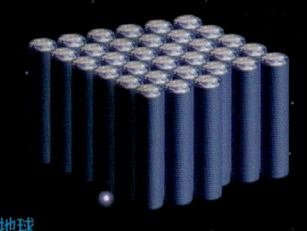

地球
3300 個分
地球の磁力は約3万nT。約10^8nTを得るために必要な「地球磁石」は約3300個。

木星
250 個分
木星の磁力は約40万nT。約10^8nTを得るために必要な「木星磁石」は約250個。

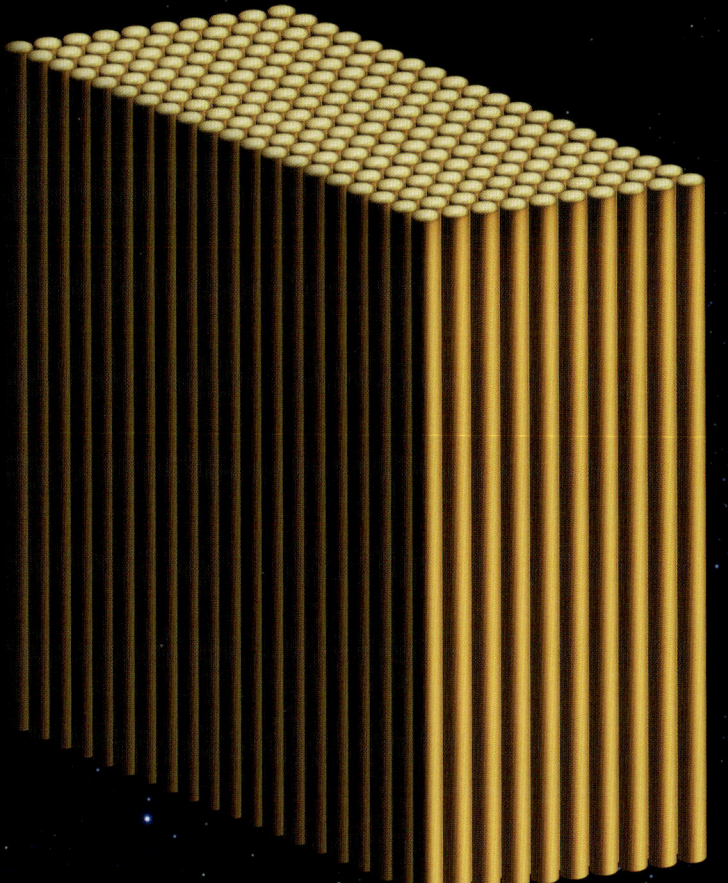

水星

32 万個分

水星の磁力は約310nT。約 10^8 nT を得るために必要な水星磁石は約32万個。

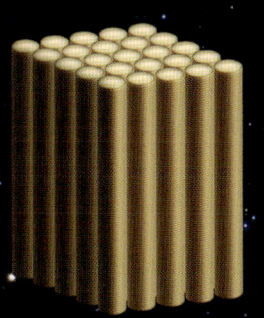

天王星

3300 個分

天王星の磁力は約3万nT。約 10^8 nT を得るために必要な「天王星磁石」は約3300個。

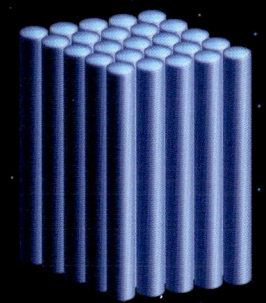

海王星

5000 個分

海王星の磁力は約2万nT。約 10^8 nT を得るために必要な「海王星磁石」は約5000個。

土星

5000 個分

土星の磁力は約2万nT。約 10^8 nT を得るために必要な「土星磁石」は約5000個。

※金星、火星は磁力がほとんどないためのぞいている。

核融合の材料

太陽の核融合反応の原動力は……

　太陽の中心部では水素原子4個からヘリウム原子1個ができる核融合反応が起こり、エネルギーを生み出している。その際、水素原子4個とヘリウム原子1個の原子量をくらべてみると、0.73％減少している。その減少分が、太陽が放出するエネルギーになる。

　太陽は1秒間に水素約5億5000万tを使って核融合を起こしている。ということは、毎秒その0.72％分、すなわち約400万t、毎分なら約2億4000万t質量が減少していっていることになる。文字どおり身を削って光輝いているわけだ。太陽大丈夫？　とも思うが、太陽は地球の約33万倍の質量がある。中心部の水素があと50億年分くらいあるというから、とりあえずは大丈夫だ。

　ちなみに1gの質量すべてがエネルギーに変わったとすると、0℃の水21万4000t程度を沸騰させることができる。この量は、1.5ℓのペットボトルで1億4333万本に相当するほどのすごい量だ。

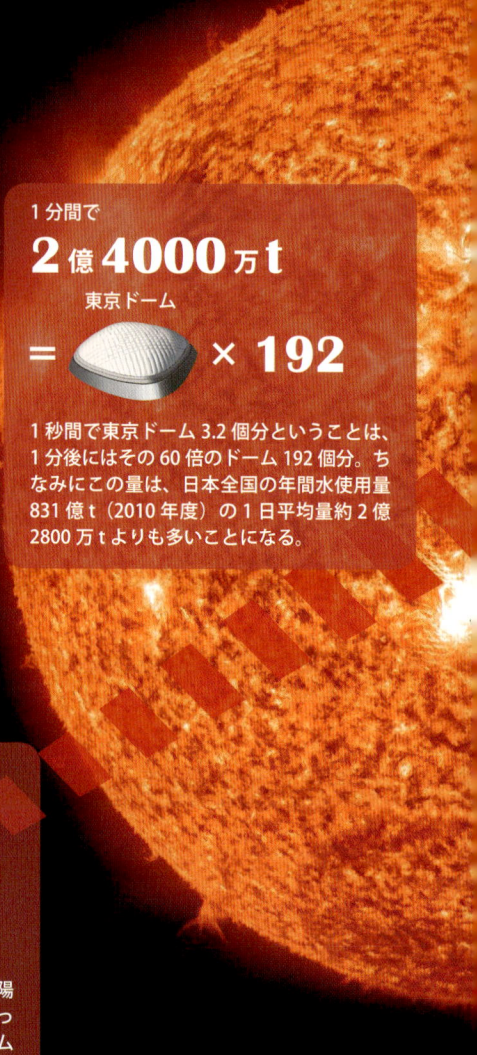

1分間で
2億4000万t
東京ドーム
= 🏟 × 192

1秒間で東京ドーム3.2個分ということは、1分後にはその60倍のドーム192個分。ちなみにこの量は、日本全国の年間水使用量831億t（2010年度）の1日平均量約2億2800万tよりも多いことになる。

1秒間で
400万t
東京ドーム
= 🏟 × 3.2

東京ドーム1杯分の水量は124万t。太陽は1秒間で東京ドーム約3.2個分の身を削っている。よく比較に使われる「東京ドームの面積」は4万6755㎡。これは座席を含めた数字で、グラウンドだけなら1万3000㎡。

1カ月で
10兆t

琵琶湖
= 🏞 × 378

1カ月となると、太陽は琵琶湖378個分の水に相当する質量を失う。さらに35日めには、水量世界第4位のスペリオル湖（アメリカ）1個分の水に相当する質量（約12兆t）を消費してしまうことになる。

1日で
3456億t

琵琶湖
= 🏞 × 12.6

まる1日たつと、太陽は琵琶湖12個分以上の質量を失っている。もう2時間ほどたつと、海水の約5倍の塩分濃度をもつことで知られるアラビア半島の死海2個分（1880億t×2）に相当する質量が消費される。

1時間で
144億t

琵琶湖
= 🏞 × 0.5

琵琶湖の水量は約275億t。太陽は1時間で琵琶湖の水量の約52%分の身を削っている。滋賀県の面積の約6分の1を占める琵琶湖、じつはカスピ海、バイカル湖などと並んで世界有数の古い湖だ。

核分裂と核融合の違いとは

核融合は水素、ヘリウムなどの軽い原子核同士が融合し、より重い原子核になる現象。逆に核分裂はトリウム、ウラン、プルトニウムなどの重い原子核が、中性子、陽子（ベータ線）、ヘリウム原子核（アルファ線）などとの衝突によって分裂する現象だ。どちらの反応も、融合や分裂する際に質量がわずかに減り、その減少分がエネルギーに変化している。

Column

意外と知らない単位の話 ⑤

ケルビン＝摂氏＋ 273.15

　私たちが日常的に「摂氏」と呼んでいる温度の単位「セルシウス温度（℃）」は、水の融点を 0℃、沸点を 100℃として、その間を 100 等分したものという定義がある。いっぽう天文学、熱力学などでよく使われる「ケルビン（K）」は、すべての分子（そのなかの原子も含む）の運動が停止する「絶対零度」を 0K とする考えに基づいている。

　なにやら使いにくそうな単位に思えるが、1K の温度差は摂氏 1℃の温度差と等しい設定になっている。国際単位系（SI）では、0K が − 273.15 ℃と定められているので、0℃は 273.15℃。20℃は 293.15K となる。つまり摂氏をケルビンで表わしたいときは、273.15 を足せばよいということになる。

Chapter 06
時間
time

「宇宙の歴史からすれば、人間の歴史なんてほんの一瞬」
などとよくいうけれど、その「一瞬」ってどのくらい？
「人間には過去の宇宙しか見ることができない」ってどういうこと？
ミクロからマクロまで、宇宙の時間をはかってみよう

光が届く時間

あの星の光は、いつのもの？

　光の進む距離が宇宙の距離を測る単位となっているのはご存じのとおり。40ページでふれたように、太陽に一番近い恒星のプロキシマ・ケンタウリでさえ約39兆7000億kmも離れているので、光でもその距離を通過するには4.2年かかる。すなわち、私たちがいま見ているプロキシマ・ケンタウリは4.2年前の姿なのだ。これが遠くなれば、より過去の姿を見ることになる。オリオン座のベテルギウスは500年前、リゲルは700年前、さそり座球状星団M80ならば3万6000年前の姿なのだ。

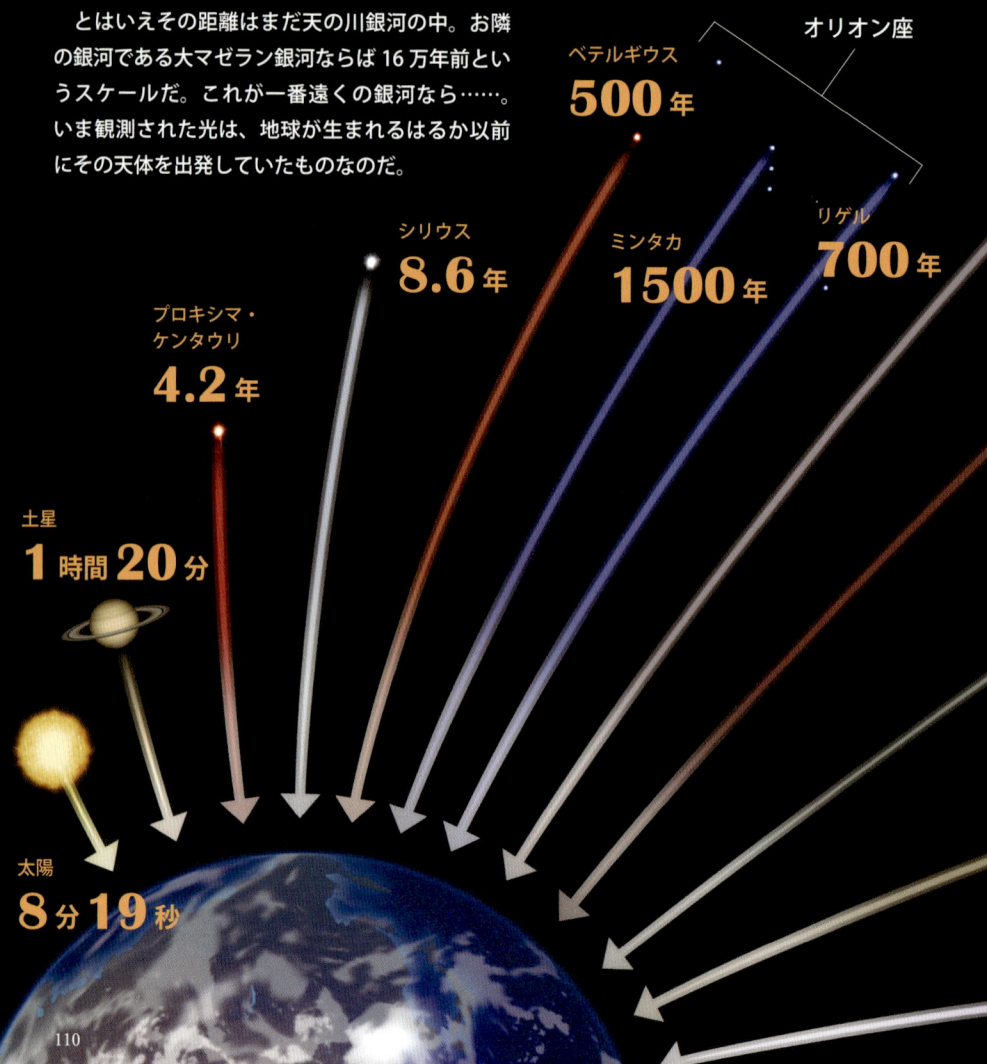

　とはいえその距離はまだ天の川銀河の中。お隣の銀河である大マゼラン銀河ならば16万年前というスケールだ。これが一番遠くの銀河なら……。いま観測された光は、地球が生まれるはるか以前にその天体を出発していたものなのだ。

オリオン座

ベテルギウス
500年

シリウス
8.6年

ミンタカ
1500年

リゲル
700年

プロキシマ・ケンタウリ
4.2年

土星
1時間20分

太陽
8分19秒

アンドロメダ銀河
230万年

典型的な渦巻銀河で、天の川銀河と大きさも形も似ている。これでも天の川銀河の近くにある。

UDFj-39546284
132億年

2011年に発見された、観測史上最も地球から離れた銀河。天の川銀河の100分の1程度の大きさだという。

大マゼラン銀河
16万年

天の川銀河に最も近い隣の銀河。小マゼラン銀河、天の川銀河とともに三連銀河を形成している。

さそり座球状星団 M80
3.6万年

数万から数百万の恒星が球状に集まっている。天の川銀河の歴史のなかでは初期に形成されたと考えられている。

オメガ・ケンタウリ星団
1.73万年

太陽系に最も近い球状星団のひとつ。見た目の等級は3.7等なので、肉眼でも見える。

天の川銀河の範囲

> 惑星の公転・自転

地球の「1年」と惑星の「1年」

　地球は365日で太陽のまわりを公転する（正確には365.2422日で、この0.2422日を調整するためにうるう年がある）。1日は自転の1回分なので、地球はコマのように回りながら、太陽のまわりも回っているわけだ。

　では、ほかの惑星は1回公転する間に、何回自転するのだろうか。すなわち各惑星の「1年」はその惑星の何日分なのだろう。

　水星の1年は1日半。金星は自転周期が公転周期より長いので、1年が1日より短く0.92日。火星は太陽系惑星のなかでは比較的地球と環境が似ているとされており、自転周期は地球に近くほぼ1日。公転速度も比較的近いのだが（P.44参照）、火星は地球より太陽から遠日点距離で1.6倍遠いので公転にも時間がかかり、1年は670日。

　木星以遠の星になると、自転速度が急に上がる。木星は自転周期（すなわち1日）が10時間で1年が1万465日、土星は1日11時間で1年が2万4232日、天王星は1日17時間で1年が4万2741日、海王星は1日16時間で1年が8万9690日となる。

海王星の1年は
8万9690日
海王星の自転周期は0.671日（赤道上）、公転周期は6万182日（地球時間で計測）。海王星時間に換算すると海王星の1年は約8万9690日となる。

木星の1年は
1万465日
木星の自転周期は0.414日（赤道上）、公転周期は4332.6日（地球時間で計測）。木星時間に換算すると木星の1年は約1万465日となる。

天王星の1年は
4万2741日
地球時間で計測すると、天王星の自転周期は0.718日（赤道上）、公転周期は3万688日。天王星時間で天王星の1年は、約4万2741日となる。ちなみに天王星は公転軌道面に対して地軸が97.9度も傾いた状態、つまりほぼ横倒しで回っている。

土星の1年は
2万4232日

土星の自転周期は 0.444 日（赤道上）、公転周期は 1万759 日（地球時間で計測）。土星時間に換算すると土星の 1 年は約 2万4232 日となる。

金星の1年は
0.92日

金星の自転周期は 243.02 日、公転周期は 224.7 日（地球時間で計測）。金星時間で金星の 1 年は 1 日より短い約 0.92 日となる。金星は唯一、ほかの惑星とは逆回り（公転面を上から見て時計回り）に自転している。

地球の1年は
365日

地球の 1 日は厳密にいうと 23 時間 56 分 4.06 秒 (0.9973 日)。1 年は 365.2422 日。

水星の1年は
1.5日

水星の自転周期は 58.65 日、公転周期は 87.97 日（地球時間で計測）。水星時間に換算すると水星の 1 年は約 1.5 日となる。

火星の1年は
670日

火星の自転周期は 1.026 日、公転周期は約 686.98 日（地球時間で計測）。火星時間に換算すると火星の 1 年は約 670 日となる。

> 60年の宇宙の旅

人は一生かかってどこまで行ける？

　1977年、8月20日に探査機ボイジャー2号が、続く9月5日にはボイジャー1号がNASAにより打ち上げられた。この2機の目的は、木星以遠の惑星と太陽系の外側の探査。その後ボイジャー1号は木星、土星に接近して調査を行ない、2011年4月現在、地球から約174億kmに到達。人類史上最も遠くへ行った探査機となっている。またボイジャー2号は木星、土星に加え天王星と海王星にも接近し、2011年4月現在は地球から約142億kmに到達している。ボイジャー1号の現在の速度は太陽との相対速度で秒速約17km。時速にすると6万1200kmだ。

　もしこの速度で飛ぶ乗り物に乗ったらほかの天体までどれくらいかかるのかを、すべての天体が一直線上にあると仮定して試算してみた。火星までの53日でもつらいが、海王星でも8.1年。太陽系の果てとされるオールトの雲だと5596年、隣の恒星であるプロキシマ・ケンタウリでは7万4000年。人類のいまの技術力では、残念ながら人間が太陽系の外には出るのは無理そうだ。

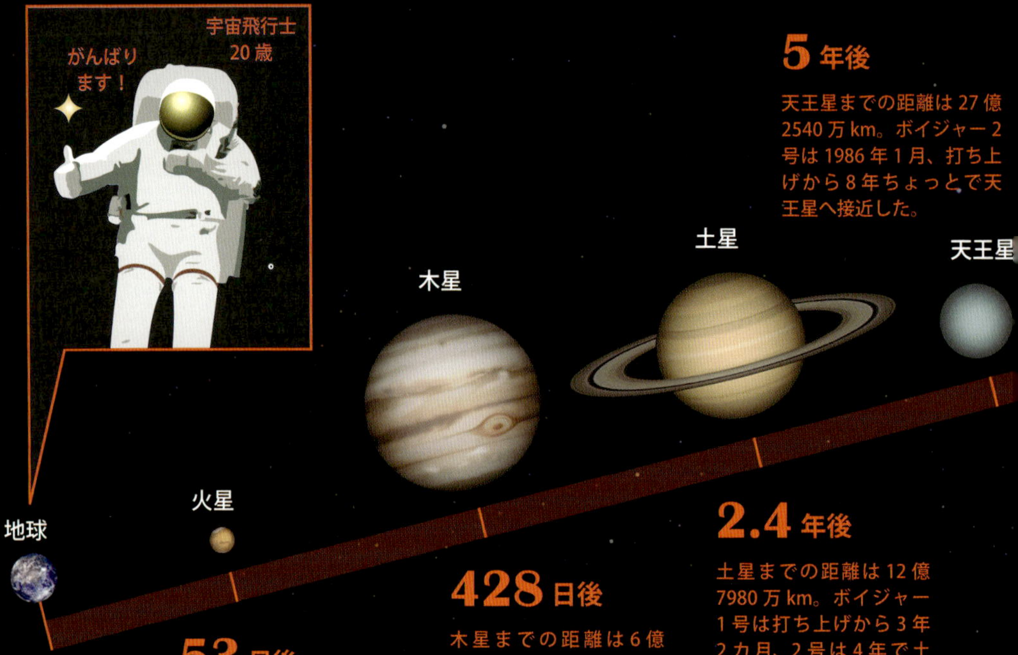

宇宙飛行士 20歳
「がんばります！」

地球

火星

53日後
火星までは7830万km。53日で到着する計算。現在ISSに宇宙飛行士が半年滞在していることを考えると、十分行ける距離だろう。

木星

428日後
木星までの距離は6億2870万km。ボイジャー1号は打ち上げから2年半、2号は2年弱で木星に到達した。

土星

2.4年後
土星までの距離は12億7980万km。ボイジャー1号は打ち上げから3年2カ月、2号は4年で土星に到達した。

天王星

5年後
天王星までの距離は27億2540万km。ボイジャー2号は1986年1月、打ち上げから8年ちょっとで天王星へ接近した。

宇宙飛行士
80歳

もう
帰りたい…

7万4000年後
プロキシマ・ケンタウリ

オールトの雲

エリス

太陽系外縁天体

海王星

8.1年後
海王星までの距離は43億5480万km。ボイジャー2号は1989年8月、打ち上げから約12年で人類史上はじめて海王星へ接近した。

22年後
太陽系外縁天体までの距離は約118億km。ボイジャー1号、2号ともにこのエリアをすでに超えてさらに先をめざしている。

27年後
エリスの公転軌道はゆがんだ楕円であり、最も遠い場合の距離は約145億km。ボイジャー1号はすでにこの距離よりも遠くにいる。

5596年後
オールトの雲は3兆km離れたところにあると推測されている彗星のふるさと。ここまで到達するには5000年以上かかる。

115

衛星・彗星の周期

1周にかかる時間は
どれくらい？

　人工衛星や天体は、ある天体のまわりをグルグル回転している。そのスピードが遅ければ、天体の重力にとらわれて落ちてしまう。逆に速すぎると、重力を振り切って、天体から永遠に離れていく。したがって、ちょうどよいスピードで飛ぶことによって重力と均衡する遠心力を得ることができれば、ある天体の周りをグルグルと公転しはじめるわけだ。

　たとえば地球を周回するためにちょうどいい速度は、時速2万8440km（秒速7.9km）。これを「第一宇宙速度」というが、それは地球を90分で1周するくらいの速度だ（ちなみに地球の重力を振り切る速度が56ページでも紹介した「脱出速度（第二宇宙速度）」で秒速11.2km）。

　重力は物体の質量と距離で決まるから、グルグル回る基準となる天体の質量と、公転軌道の半径によって、その1周にかかる時間が決まる。ハレー彗星や冥王星は太陽を基準にし、とても大きな円を描いて公転しているので、1周する時間がとても長くなる。

ISSの軌道周期
90分
地球上空約400kmを回っている。夕方や明け方の空に1等星以上の明るさで輝くので、肉眼でも見つけられる。

START

冥王星の公転周期
247.74年
その名のとおり「冥王星型天体」の筆頭天体。直径2390km。1930年に発見されてからまだ1周していない。

フォボスの公転周期
7.7 時間

火星の衛星。いびつな形で、大きさは 13km × 11km × 9m と小ぶりだ。火星の自転速度よりも速く公転する。

エウロパの公転周期
3.6 日

木星の衛星。直径 3130km。木星から約 67 万 km 離れた軌道を公転する。表面の厚い氷の下に海がある可能性も。

イオの公転周期
42 時間

木星の衛星。直径 3642km。木星から約 42 万 km 離れた軌道を公転する。地球以外で唯一活火山がある。

ガニメデの公転周期
7.2 日

木星の衛星。直径 5268km で太陽系最大の惑星。木星から約 107 万 km 離れた軌道を公転する。

ハレー彗星の公転周期
75.3 年

前回地球に接近したのが 1986 年。次回接近時は 2061 年 7～8 月。核の大きさは 14km × 7km × 7km 程度。

テンペル第 1 彗星の公転周期
5.5 年

1867 年にエルンスト・テンペルが発見した周期彗星。木星の引力の影響を受けるため、周期は変動する。

> 宇宙誕生の時間

宇宙誕生の「所要時間」

　宇宙誕生の「所要時間」は、100億分の1秒の100億分の1秒のさらに100億分の1秒未満、そしてその後の3分間。まずは前半の「100億分の1秒の〜」に何が起こったか。

　宇宙は極小の一点から始まった。その一点は「100億分の1秒の〜」の間に「インフレーション」と呼ばれるハンパない膨張を起こした。それはウイルスが銀河団以上の大きさになるくらいというから、もはや想像がつかない。よく一瞬のことを「まばたきする間に」とたとえるが、インフレーションはまばたき1回の間に 2.5×10^{33} 回起こるほどの、一瞬のできごと。人間のスケールではとても表わせないほどの一瞬だ。

　その後、エネルギーが熱に変化してビッグバンが起こる。ビッグバン後に宇宙の温度が下がるにつれて、まずは素粒子が集まって陽子や中性子ができた。さらに温度が下がると今度は陽子や中性子が集まって原子核ができた。そうして現在の宇宙にあるすべての物質のもとがそろった。その間3分。つまり私たちがカップラーメンができあがりを待つのと同じ時間に、宇宙に存在するあらゆるものが生まれたのだ。

カップラーメンができあがるまでの時間は
3分

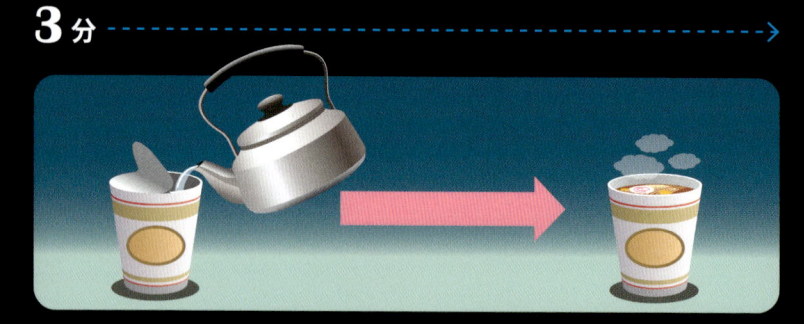

まばたき1回分の時間は
0.25秒

ビッグバン後、カップラーメンが
できるまでの所要時間と同じ

3 分間

で現在宇宙に存在するあらゆる
物質のもとが生まれた

インフレーションは
人間が1回まばたきをする間に

= 2.5×10^{33} 回

起こるほどの一瞬のできごとだった

> 太陽系の歴史

太陽の一生を
人間でたとえると

　太陽が生まれたのは約46億年前。太陽くらいの質量の恒星は100億年程度輝き続けるので、現在の太陽は、壮年期のまっただなかで働き盛りといったところだろう。そんな太陽を人間の46歳だとすると、これまでの生涯にはどのような事件があっただろうか。

　小学3年生の9歳のとき、第3惑星・地球で最初の生命が生まれた。生命が進化し真核生物になったのが26歳のとき。それがさらに進化し、三葉虫やほ乳類の出現を経て人類が生まれるのは、46歳の誕生日を迎える前月だ。人類の歴史がいかに短いかがわかる。太陽の誕生から9億年後に生まれた地球生命は、じつにゆっくりとした足取りで進化を続けてきたのだ。

真核生物の誕生
20億年前

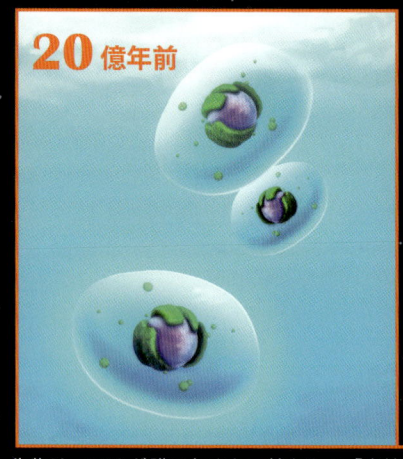

生物は、DNAが膜に包まれて核をもつ「真核生物」に進化した。細胞の大きさは、原核生物にくらべて10〜100倍になった。

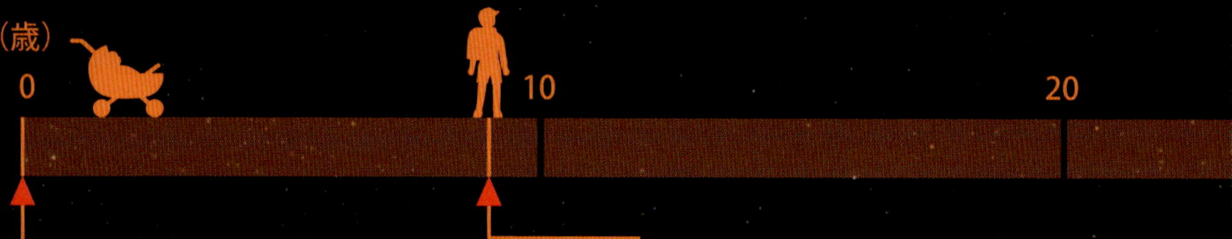

太陽系の誕生
46億年前

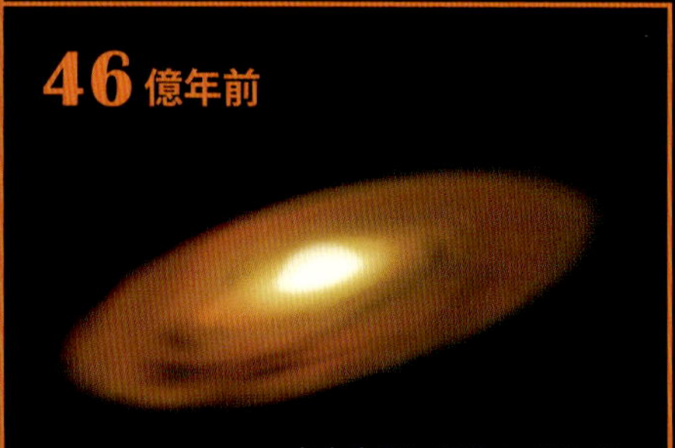

宇宙空間に漂うちりやガスが引力によって凝縮され、太陽系が生まれた。

生命の誕生
37億年前

最初の生命は、細胞内にDNAがほとんど裸のまま存在する「原核生物」だった。海の底で生まれたとされる。

人類の誕生

500万年前

木の上で生活していた類人猿のうち、草原に降り立った種が、直立歩行と脳の巨大化を獲得して、人類に進化したとされる。

現在

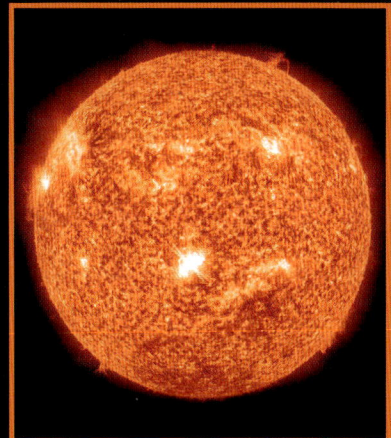

現在の太陽は46億歳。太陽観測では衛星「ひのとり」「ようこう」「ひので」に代表される日本が世界をリードしている。

30   40

三葉虫の出現

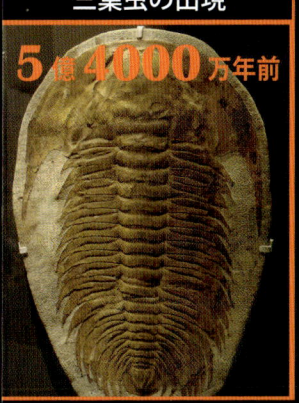

5億4000万年前

古生代のカンブリア紀に繁栄し、約2億8900万年前から約2億4700万年前までのペルム紀に絶滅した。

ほ乳類の出現

2億5000万年前

アデロバシレウスという動物が最初のほ乳類とされている。体長約10cm、恐竜から逃れて生き延びた。

恐竜の絶滅

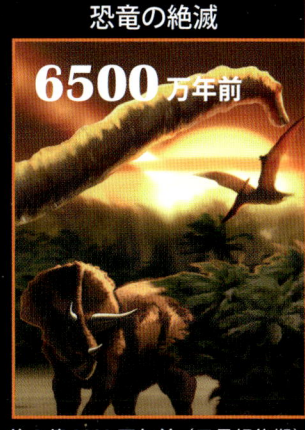

6500万年前

約2億2800万年前（三畳紀後期）から栄えた恐竜は小天体の衝突による天候の変化で絶滅したとされる。

宇宙の歴史

宇宙の歴史を1年にたとえると

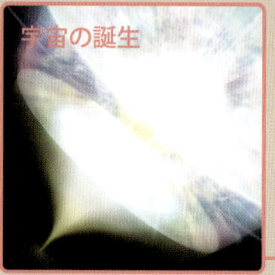

宇宙の誕生

宇宙の晴れ上がり

January　1月
1　2　3　4　5
8　9　10　11　12
15　16　17　18　19
22　23　24　25　26
29　30　31

星や銀河の誕生

February　2月
　　1　2　3　4
5　6　7　8　9　10　11
　　14　15　16　17　18
　　21　22　23　24　25
　　28

May　5月
　　　　　　5　6
　　　　12　13
　　　　19　20
　　　　26　27

銀河の成長

June　6月
　　　　1　2　3
4　5　6　7　8　9　10
11　12　13　14　15　16　17
18　19　20　21　22　23　24
25　26　27　28　29　30

September　9月
　　　　　　1　2
3　4　5　6　7　8　9
10　11　12　13　14　15　16
17　18　19　20　21　22　23
24　25　26　27　28　29　30

October　10月
　　　　　　　　6　7
　　　　　　　　13　14
　　　　　　　　20　21
　　　　　　　　27　28
29

生命の誕生

宇宙は約137億年前に生まれた。ここでは137億年を1年に置き換え、1月1日に宇宙が誕生したとし、現在を12月31日だとしてみる。
　宇宙誕生後38万年後には原子核と電子が結合して原子ができる「宇宙の晴れ上がり」が起こったが、これは1月1日午前2時30分になる。そして星や銀河の誕生（135億年前）が1月5日、天の川銀河の誕生（120億年前）が2月14日、銀河同士が合体して成長していった（87億年前）のが5月13日などと続けていけば、人類の誕生（500万年前）は12月31日午後8時50分ごろとなる。この計算でいくと人の一生は0.2秒程度。宇宙の歴史からすればあまりに一瞬なのだが、そんな人類がここまで宇宙の秘密を解き明かしてきたというのも驚くべきことだろう。

March　3月
天の川銀河の誕生

April　4月
太陽系の誕生

July　7月
大量の星の誕生

August　8月

November　11月
人類の誕生

December　12月

Column

意外と知らない単位の話 ⑥

世界共通の時間の単位

　時刻を表現するときには、時間が経過する度合が設定された時刻系を指定する必要がある。現在国際的に使われている時刻系である「グリニッジ標準時（GMT）」は、イギリスのグリニッジ天文台での平均太陽時（太陽が天球上で最も高い位置に達した時刻を正午とするという考え方）に基づいている。このグリニッジ標準時を継承し、地球の自転に基づいて決められた世界共通の時刻系が「世界時（UT）」だ。

　ただ、地球の自転周期は厳密には一定ではない。そこで、セシウム原子時計が刻む時刻をもとに、天文学的に定められる世界時との差が0.9秒未満となるよう人工的に管理される世界共通の標準時がつくられた。これが「協定世界時（UTC）」。宇宙探査機の活動を伝えるニュースなどでたまに見かけるのはこの時間だ。そしてこれを9時間進めると「日本標準時（JST）」となる。

INDEX

［アルファベット］

ISS（国際宇宙ステーション） 21,22,23,86,92,116
KEK-B ……………………………………… 24,25
LHC ………………………………………… 24,25
TrES-4b …………………………………… 52,53

［あ行］

アークトゥルス …………………………… 13,98
あかつき（金星探査機） ………………… 22,23
アスクレウス山 ……………………………… 81
アポロ（月探査機） …………………… 36,37,44,45
天の川銀河（銀河系） … 30,31,42,43,110,111,123
アンドロメダ銀河 ………………………… 111
イオ ……………………………………… 14,117
イカロス …………………………………… 22,23
イトカワ …………………… 20,21,22,56,57,76,77
隕石 ………………………………… 72,102,103
インフレーション ……………………… 118,119
ヴィルド第2彗星 …………………………… 18
宇宙エレベーター ………………………… 88,89
衛星 ……………………………………… 14,15,16
エウロパ ………………………………… 15,117
エリス …………………………………… 16,115
エンケラドス ……………………………… 15
オールトの雲 …………………… 40,41,114,115
オメガ・ケンタウリ星団 ………………… 111
オリオン座 ……………………………… 13,97,110
おりひめ星（ベガ） ……………………… 12,13
オリンポス山 ……………………………… 80,81

［か行］

核融合反応 ……………… 13,68,85,94,106,107
カセイ谷 …………………………………… 83
ガニメデ ………………………………… 14,15,117
カリスト …………………………………… 14
カルマンライン …………………………… 86,92
系外惑星 ………………… 28,29,52,53,74,75
ケビラ・クレーター ……………………… 103
ケレス ……………………………………… 16
ケンタウルス座α星 ……………… 40,96,97,98

［さ行］

さそり座球状星団 M80 ………………… 110,111
サターンV（ロケット） ………………… 46,47,73
主系列星 …………………………………… 12,13
準惑星 …………………………………… 8,16,17
小赤斑 ……………………………………… 26,27
小惑星 …………………………………… 16,20,21
小惑星帯 …………………………………… 16
シリウス ……………………… 96,97,99,110
彗星 ……………………………………… 18,19,117
スーパーアース …………………………… 29,74,75
赤色巨星 …………………………………… 13
赤色超巨星 ………………………………… 13
絶対等級 …………………………………… 98

［た行］

大暗斑 ……………………………………… 26,27
大赤斑 ……………………………………… 26
タイタン …………………………………… 14
大マゼラン銀河 ………………………… 110,111
ダイモス …………………………………… 15
太陽系外縁天体 ………………………… 54,115
チクシュルーブ・クレーター …………… 102,103
中性子星 ………………………………… 68,69,70
超新星爆発 ……………………………… 68,70
ティタニア ………………………………… 14
電磁波 …………………………………… 48,84,90
テンペル第1彗星 ………………………… 19,117
天文単位（AU） ………………………… 40,41,78
トリトン …………………………………… 14

［な行］

ニューホライズンズ（探査機） ………… 54,55

［は行］

パイオニア10号・11号（探査機） ……… 54
ハウメア …………………………………… 16
ハッブル宇宙望遠鏡 ……………………… 22,42
はやぶさ（小惑星探査機） ……………… 20,22,23
バリンジャー・クレーター ……………… 103
パルサー …………………………………… 68
ハレー彗星 …………………… 18,19,116,117

（は行つづき）

ビッグバン……………………………… 25,42,118,119
微惑星……………………………………………… 72
フォボス………………………………………… 117
ブラックホール…………………………… 68,70,71
プレアデス星団（すばる）……………………… 43
フレデフォート・ドーム……………………… 102
プロキオン…………………………………… 97,99
プロキシマ・ケンタウリ………… 40,110,114,115
プロミネンス………………………………… 84,85
ベテルギウス……………………… 13,97,99,110
ボイジャー1号・2号（探査機）
　　　　　　　　　　　　　 22,26,54,55,114,115
北極星…………………………………………… 43
ホットジュピター……………………… 28,52,53,75
ボレリー彗星…………………………………… 19

［ま行］

マート山………………………………………… 80
マケマケ………………………………………… 16
マックスウェル山……………………………… 80
マリネリス峡谷……………………………… 82,83
ミラ……………………………………………… 13
冥王星型天体……………………………… 16,116

［ら行］

リゲル…………………………………… 97,99,110
リニアコライダー…………………………… 24,25
流星（流れ星）………………………………… 72
レグルス…………………………………… 12,13

参考文献

『新しい高校生物の教科書』栃内新、左巻健男 編著（講談社 BLUE BACKS）／『新しい高校物理の教科書』山本明利、左巻健男 編著（講談社 BLUE BACKS）／『宇宙の進化がわかる事典』縣秀彦 監修（PHP 研究所）／『「宇宙」の地図帳』縣秀彦 監修（青春出版社）／『「宇宙旅行」の手引き』縣秀彦 監修（青春出版社）／『大きさくらべ絵事典』半田利弘 監修（PHP 研究所）／『大きな大きなせかい』かこさとし 著（偕成社）／『思わず話したくなる「宇宙」のふしぎ』渡部潤一 監修（宝島 SUGOI 文庫）／『からだの地図帳』高橋長雄 著（講談社）／『この一冊で「宇宙」と「太陽系」がまるごとわかる本』縣秀彦 監修（青春出版社）／『知っておきたい単位の知識 200』伊藤幸夫、寒川陽美 著（ソフトバンククリエイティブ）／『小学館の学習百科図鑑 10 宇宙 星と観測』（小学館）／『小学館の図鑑 NEO ＋ぷらす くらべる図鑑』（小学館）／『小学館の図鑑 NEO 宇宙』（小学館）／『「進化」の地図帳』おもしろ生物学会 編（青春出版社）／『新書で入門 新しい太陽系』渡部潤一 著（新潮新書）／『新物理小事典』松田卓也 監修、三省堂編修所 編（三省堂）／『新編 中学校社会科地図』帝国書院編集部 編（帝国書院）／『図解雑学 よくわかる宇宙のしくみ』吉川真 監修（ナツメ社）／『相対性理論を楽しむ本』佐藤勝彦 監修（PHP 文庫）／『「太陽系」の地図帳』縣秀彦 監修（青春出版社）／『太陽のきほん』上出洋介 著（誠文堂新光社）／『太陽の大研究』縣秀彦 監修（PHP 研究所）／『小さな小さなせかい』かこさとし 著（偕成社）／『月のきほん』白尾元理 著（誠文堂新光社）／『月の大研究』縣秀彦 監修（PHP 研究所）／『天体観測☆100 年絵事典』渡部潤一 監修（PHP 研究所）／『比較大図鑑』ラッセル・アッシュ 著、平間あや、ほか訳（偕成社）／『フレーベル館の図鑑 NATURA うちゅう せいざ』無藤隆 総監修、縣秀彦 監修（フレーベル館）／『平成 23 年版 理科年表』国立天文台 編（丸善）／『よくわかる宇宙と地球のすがた』国立天文台 編（丸善）／『やさしくわかる相対性理論』二間瀬敏史 著（ナツメ社）

資料・画像提供

P.8 テニスボール：ⓒ Liz Van Steenburgh | Dreamstime.com、ビー玉：ⓒ Zbigniew Kosmal | Dreamstime.com、ビリヤードボール：ⓒ Pedro Nogueira | Dreamstime.com ／ P.9 バランスボール：ⓒ Carlos Restrepo | Dreamstime.com、バスケットボール：ⓒ Alexey Utemov | Dreamstime.com ／ P.14 ティタニア：ⓒ NASA/JPL、トリトン：ⓒ NASA ／ P.15 エンケラドス：ⓒ NASA/JPL/Space Science Institute、ダイモス：ⓒ NASA/JPL-Caltech/University of Arizona、ガニメデ：ⓒ NASA/JPL、エウロパ：ⓒ NASA/JPL/Ted Stryk、月：NASA/JPL ／ P.18 ヴィルド第2彗星：ⓒ NASA ／ P.19 ボレリー彗星：ⓒ NASA/JPL、テンペル第1彗星：ⓒ NASA/JPL-Caltech/cornell ／ P.22 ボイジャー：ⓒ NASA/JPL、ハッブル宇宙望遠鏡：ⓒ NASA ／ P.53 TrES-4B：ⓒ Ignacio González Tapia ／ P.24 LHC：ⓒ ATLAS Experiment , ⓒ 2011 CERN ／ P.25 KEK-B：yellow_bird_woodstock ／ P.27 台風：ⓒ NASA-JSC-ES&IA ／ P.30 インフルエンザウイルス：ⓒ国立感染症研究所、マクロファージ：ⓒ福島県立医科大学細胞科学研究部門　和田郁夫 ／ P.42 UDFj-39546284：ⓒ NASA, ESA, G. Illingworth (University of California, Santa Cruz), R. Bouwens (University of California, Santa Cruz and Leiden University), and the HUDF09 Team ／ P.49 細菌：ⓒ Rocky Mountain Laboratories, NIAID, NIH、ウイルス：ⓒ Cynthia Goldsmith ／ P.50 地球：ⓒ Johannes Kaestner ／ P.53 太陽：ⓒ NASA/SDO/AIA、TrES-4b：ⓒ Ignacio González Tapia ／ P.54 パイオニア10号：ⓒ Don Davis ／ P.55 ボイジャー2号：ⓒ NASA/JPL、ニューホライズンズ：ⓒ NASA/Johns Hopkins University Applied Physics Laboratory/Southwest Research Institute ／ P.57 手：ⓒ Karl_kanal | Dreamstime.com ／ P.60 少年：ⓒ Paul Moore | Dreamstime.com、リンゴ：ⓒ Remy Levine | Dreamstime.com、ピラニア：ⓒ Sugarfree.sk | Dreamstime.com、日本ザル：ⓒ Mikhail Blajenov | Dreamstime.com、ペットボトル：ⓒ Vadim Kozlovsky | Dreamstime.com ／ P.61 トラ：ⓒ Hollingsworth, John and Karen, retouched by Zwoenitzer、トド：ⓒ Jill marool | Dreamstime.com、ハイエース：ⓒトヨタ自動車株式会社、アフリカゾウ：ⓒ Darko Draskoric | Dreamstime.com ／ P.62 太陽：ⓒ NASA/SDO/AIA、女性：ⓒ Dušan Zider | Dreamstime.com ／ P.63 月：ⓒ NASA/JPL、女性：ⓒ Bobby Deal | Dreamstime.com、キッチンスケール：ⓒ Bolex | Dreamstime.com ／ P.64 月：ⓒ NASA/JPL、ダイヤリング：ⓒ Melinda Nagy | Dreamstime.com ／ P.67 太陽：ⓒ NASA/SDO/AIA ／ P.68 パルサー：ⓒ NASA-MSFC ／ P.69 田子倉ダム：ⓒ Dam's room ふかちゃん ／ P.71 ブラックホール：ⓒ ESA, NASA, and Felix Mirabel (French Atomic Energy Commission and Institute for Astronomy and Space Physics/Conicet of Argentina) ／ P.72 ウサギ：ⓒ Snanna Cramer | Dreamstime.com、少年：ⓒ Paul Moore | Dreamstime.com、女性：ⓒ Tomasz Idczak | Dreamstime.com、ゾウ：ⓒ Darko Draskoric | Dreamstime.com ／ P.73 ゴミ収集車：ⓒ Christian Reichenauer | Dreamstime.com ／ P.74 MoA-2007-BLG-192Lb：ⓒ NASA's Exoplanet Exploration Program ／ P.82 火星：ⓒ NASA ／ P.83 火星表面：ⓒ Lunar and Planetary Institute ／ P.84 ベンチ：ⓒ Inger Anne Hulbækdal | Dreamstime.com、テニスボール：ⓒ Liz Van Steenburgh | Dreamstime.com ／ P.85 太陽：ⓒ NASA/SDO/AIA ／ P.97 オリオン座：ⓒ norio_nomura ／ P.100 液体酸素：ⓒ川口液化ケミカル株式会社 ／ P.101 バスラ風景：ⓒ I, Aziz1005、南極風景：ⓒ NOAA Photo Library、ろうそく：ⓒ Tom_robbrecht | Dreamstime.com、沸騰：ⓒ Starblue | Dreamstime.com ／ P.102 フレデフォート・ドーム：ⓒ NASA ／ P.103 バリンジャー・クレーター：Courtesy the National Map Seamless Server、ケビラ・クレーター：Courtesy of Boston University Center for Remote Sensing、チクシュルーブ・クレーター：ⓒ NASA/JPL ／ P.106 太陽：ⓒ NASA/SDO/AIA ／ P.117 フォボス・イオ：ⓒ NASA/JPL、エウロパ：ⓒ NASA/Goddard Space Flight Center Scientific Visualization Studio、ガニメデ：ⓒ NASA/JPL、テンペル第1彗星：ⓒ NASA/JPL-Caltech/cornell ／ P.121 太陽：ⓒ NASA/SDO/AIA、三葉虫：ⓒ jeanseyes

監修者プロフィール

縣 秀彦　hidehiko agata
自然科学研究機構国立天文台准教授、天文情報センター・普及室長。1961年長野県生まれ。東京大学附属中高教諭などを経て現職。専門は天文教育（教育学博士）。国立天文台4D2Uプロジェクトに携わる。NHK高校講座講師、ラジオ深夜便レギュラー出演、科学の鉄人実行委員長ほか。「両さんの宇宙大達人」（監修・集英社）、「宇宙の地図帳」（監修・青春出版社）ほか著作物多数。

STAFF

編集・執筆 ● クリエイティブ・スイート
イラスト ● 小池輝政
ブックデザイン ● 小池輝政　風糸制作室
企画 ● 笠井良子（グラフィック社）

ビジュアル雑学図鑑 ①

宇宙のはかり方

2011年8月25日　初版第1刷発行

監　修	縣　秀彦	
発行者	久世利郎	
発行所	株式会社グラフィック社	

〒102-0073　東京都千代田区九段北1-14-17
TEL 03-3263-4318　FAX 03-3263-5297
http://www.graphicsha.co.jp
振替 00130-6-114345

印刷・製本　図書印刷株式会社

落丁・乱丁の場合はお取り替え致します。

本書のコピー、スキャン、デジタル化等の無断複製は著作権法上の例外を除き禁じられています。本書を代行業者等の第三者に依頼してスキャンやデジタル化することは、たとえ個人や家庭内での利用であっても著作権法上認められておりません。

ISBN 978-4-7661-2264-0 C0044
Ⓒ Hidehiko Agata , CREATIVE-SWEET 2011 Printed in Japan